高等职业院校基于工作过程项目式系列教材

企业级卓越人才培养解决方案"十三五"规划教材

大数据分析方法项目实战

天津滨海迅腾科技集团有限公司　编著

天津大学出版社

TIANJIN UNIVERSITY PRESS

图书在版编目(CIP)数据

大数据分析方法项目实战/天津滨海迅腾科技集团
有限公司编著. —天津：天津大学出版社，2020.3
（2023.3重印）
高等职业院校基于工作过程项目式系列教材　企业级
卓越人才培养解决方案"十三五"规划教材
ISBN 978-7-5618-6646-7

Ⅰ.①大…　Ⅱ.①天…　Ⅲ.①数据处理－高等职业教
育－教材 Ⅳ.①TP274

中国版本图书馆CIP数据核字(2020)第043874号

DASHUJU FENXI FANGFA XIANGMU SHIZHAN

出版发行	天津大学出版社
地　　址	天津市卫津路92号天津大学内(邮编:300072)
电　　话	发行部:022-27403647
网　　址	www.tjupress.com.cn
印　　刷	廊坊市海涛印刷有限公司
经　　销	全国各地新华书店
开　　本	185mm×260mm
印　　张	16.5
字　　数	418千
版　　次	2020年3月第1版
印　　次	2023年3月第2次
定　　价	59.00元

凡购本书，如有缺页、倒页、脱页等质量问题，烦请与我社发行部门联系调换

版权所有　　侵权必究

高等职业院校基于工作过程项目式系列教材
企业级卓越人才培养解决方案"十三五"规划教材
指导专家

周凤华　教育部职业技术教育中心研究所
姚　明　工业和信息化部教育与考试中心
陆春阳　全国电子商务职业教育教学指导委员会
李　伟　中国科学院计算技术研究所
许世杰　中国职业技术教育网
窦高其　中国地质大学（北京）
张齐勋　北京大学软件与微电子学院
顾军华　河北工业大学人工智能与数据科学学院
耿　洁　天津市教育科学研究院
周　鹏　天津市工业和信息化研究院
魏建国　天津大学计算与智能学部
潘海生　天津大学教育学院
杨　勇　天津职业技术师范大学
王新强　天津中德应用技术大学
杜树宇　山东铝业职业学院
张　晖　山东药品食品职业学院
郭　潇　曙光信息产业股份有限公司
张建国　人瑞人才科技控股有限公司
邵荣强　天津滨海迅腾科技集团有限公司

基于工作过程项目式教程
《大数据分析方法项目实战》

主　编　畅玉洁　徐均笑
副主编　李肖霆　孟英杰　刘文娟　蒋漪涟
　　　　　范亚宁

前　言

随着互联网数据的不断增长,传统计算方式并不能满足数据分析的需求,致使数据发挥的作用极其有限,数据分析方法的出现彻底改变了这一情况,其通过简单的代码即可实现海量数据的分析并从中发现具有价值的数据,为企业产品的设计、价格设定、推广营销、决策制定提供强有力的支撑。

本书从多个方向对数据分析和典型的项目案例进行介绍,涉及数据分析的各个方面,主要包括数据分析应用场景、数据分析方法理论、数据分析方法、数据分析常用的工具和模块使用等知识。全书知识点的讲解由浅入深,让读者全面、深入、透彻地理解数据分析是对各个分析模块和分析工具的使用,不仅能够保持整本书的知识深度,还可以提高实际开发水平和项目能力。

本书主要涉及八个项目,即初识数据分析、Excel 数据分析工具、NumBy 数学运算库、Pandas 数据分析库、SciPy 科学计算库、sklearn 数据统计基础、sklearn 数据统计进阶、seaborn 可视化分析库,按照由浅入深的思路对知识体系进行编排,从数据分析工具、数据计算库、可视化分析库等多个角度对知识点进行讲解。

本书结构条理清晰、内容详细,每个项目都通过学习目标、学习路径、任务描述、任务技能、任务实施、任务总结、英语角和任务习题 8 个模块进行相应知识的讲解。其中,学习目标和学习路径对本项目包含的知识点进行简述,任务实施模块对本项目中的案例进行了步骤化的讲解,任务总结模块作为最后陈述,对使用的技术和注意事项进行了总结,英语角解释了本项目中专业术语的含义,使学生全面掌握所讲内容。

本书由畅玉洁、徐均笑共同担任主编,李肖霆、孟英杰、刘文娟、蒋漪涟、范亚宁担任副主编,畅玉洁、徐均笑负责整书编排,项目一和项目二由李肖霆负责编写,项目三和项目四由李肖霆、孟英杰负责编写,项目五和项目六由孟英杰、刘文娟负责编写,项目七和项目八由蒋漪涟、范亚宁负责编写。

本书理论内容简明、扼要,实例操作讲解细致、步骤清晰,实现了理实结合,操作步骤后有相对应的效果图,便于读者直观、清晰地看到操作效果,牢记书中的操作步骤,使读者学习数据分析相关知识的过程能够更加顺利。

天津滨海迅腾科技集团有限公司

技术研发部

2019 年 10 月

目　录

项目一 初识数据分析

通过对大数据分析的学习，了解数据分析的相关知识，熟悉数据分析方法的使用，掌握数据分析工具的应用，具备使用 Python 基础知识完成数据统计分析的能力，在任务实现过程中：

● 了解数据分析的相关概念；
● 熟悉数据分析方法的使用；
● 掌握数据分析的常用工具的应用；
● 具备实现数据统计分析的能力。

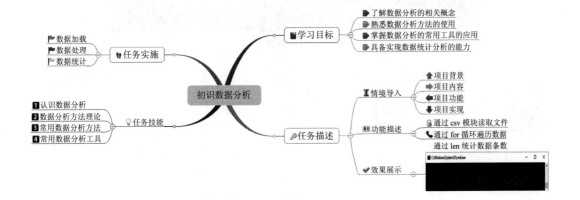

【情境导入】

随着信息时代的发展,各行各业产生了海量的数据,而如何最大化地发挥数据的作用,从庞大的数据中发现其具有的规律、价值等成为各个企业的关注点,数据分析的出现,解决了企业在数据分析方向上的难题,对相关数据的分析,为企业产品的设计、推广、发展决策定制等内容提供了支持,增强了企业在该领域的核心竞争力。本项目通过对数据分析基础知识点的讲解,使学生能够了解并掌握数据分析的相关基础知识。

【功能描述】

● 通过 csv 模块读取文件。
● 通过 for 循环遍历数据。
● 通过 len 统计数据条数。

【效果展示】

通过对本项目的学习,能够使用 Python 基础知识实现数据的读取、遍历及数据统计等功能,效果如图 1.1 所示。

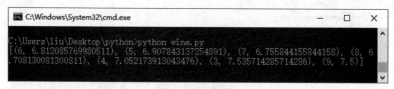

图 1.1   效果图

技能点一   认识数据分析

1. 数据分析概念

数据分析是指用适当的统计分析方法对收集来的大量第一手资料和第二手资料进行分

析,提取有用信息并形成结论,对数据加以详细研究和概括总结的过程。

　　数据分析的数学基础在 20 世纪早期就已确立,但直到计算机的出现才使得实际操作成为可能,并使得数据分析得以推广,因此,也可以说数据分析是数学与计算机科学相结合的产物。数据分析如图 1.2 所示。

图 1.2　数据分析

　　数据分析与数据挖掘密切相关,但数据挖掘往往倾向于较大型的数据集。数据分析的目的与意义在于把隐没在一大批看起来杂乱无章的数据中的信息集中、萃取和提炼出来,以找出所研究对象的内在规律。

　　在实际中,数据分析可帮助人们作出判断,以便采取适当行动。数据分析的应用非常广泛,如通过分析行星角位置的观测数据找出了行星运动规律、通过分析市场调查数据以判定市场动向进行销售计划的制订等,这些工作的实现都离不开数据分析,数据分析主要包含以下几个功能:

　　● 简单数学运算(Simple Math);
　　● 统计(Statistics);
　　● 快速傅里叶变换(Fast Fourier Transform,FFT);
　　● 平滑和滤波(Smoothing and Filtering);
　　● 基线和峰值分析(Baseline and Peak Analysis)。

　　在统计学领域,有些人将数据分析划分为描述性统计分析、探索性数据分析以及验证性数据分析;其中,探索性数据分析侧重于在数据之中发现新的特征,而验证性数据分析则侧重于已有假设的证实或证伪。

2. 数据分析应用场景

　　数据分析作为大数据的组成部分之一,应用十分广泛,可以进行金融、汽车、餐饮、电信、能源、体育和娱乐等各个行业数据的分析,并为企业的发展决策提供支持。数据分析的实际应用如下。

　　(1)基于客户行为分析的产品推荐

　　产品推荐的一个重要方面是基于客户交易行为分析的交叉销售。根据客户信息、客户交易历史、客户购买过程的行为轨迹等客户行为数据,以及同一商品访问或成交客户的客户行为数据,进行客户行为的相似性分析,为客户推荐产品,包括浏览这一产品的客户还浏览了哪些产品、购买这一产品的客户还购买了哪些产品、预测客户还喜欢哪些产品等。产品推荐如图 1.3 所示。

(2)基于客户评价的产品设计

客户的评价既有对产品满意度、物流效率、客户服务质量等方面的建设性改进意见,也有客户对产品的外观、功能、性能等方面的体验和期望,有效采集和分析客户评价数据,将有助于企业改进产品、运营和服务,有助于企业建立以客户为中心的产品创新。产品设计如图1.4 所示。

图 1.3　产品推荐

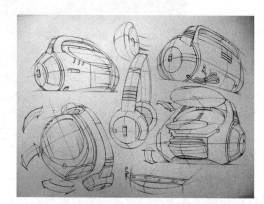

图 1.4　产品设计

(3)基于数据分析的广告投放

根据广告被点击和购买的效果数据分析以及广告点击时段分析等,有针对性地进行广告投放的策划。广告投放如图 1.5 所示。

图 1.5　广告投放

(4)基于社区热点的趋势预测和病毒式营销

社区中的热门话题和搜索引擎中的热点分析通常具有先兆性的特征,能够成为一种流行趋势的预测。比如,苹果的土豪金让土豪色成为一种流行。同时由于社区传播的广泛性和快捷性,也能够帮助企业通过病毒式营销获得更多关注,比如小米的病毒式营销策划。病毒式营销如图 1.6 所示。

图 1.6　病毒式营销

（5）基于数据分析的产品定价

产品定价的合理性需要进行数据试验和分析，主要研究客户对产品定价的敏感度，将客户按照敏感度进行分类，测量不同价格敏感度的客户群对产品价格变化的直接反应和容忍度，通过这些数据试验，为产品定价提供决策参考。产品定价如图 1.7 所示。

图 1.7　产品定价

3. 数据分析指标

在进行数据分析时，为了能够很好地了解需要的信息，通常会关注一些关键数据指标，用于帮助企业或产品找到自己的市场和改进的方向。这些关键数据指标根据适用范围与作用的不同，可以分为如下几类。

（1）总体概览指标

分析后能够直接进行情况的判断，通常出现于日报、月报等报表中，例如对某天的销售金额、订单数量、购买人数等分析后能够直接得到盈利状况。

（2）对比性指标

需要通过对比才能够进行情况的判断，例如某个公司通过对不同月份销售金额的对比判断产品的经营状况。不同月份销售情况如图 1.8 所示。

（3）集中趋势指标

通常使用平均指标来表示集中趋势，其中，平均指标一般分为数值上的平均和位置上的平均。

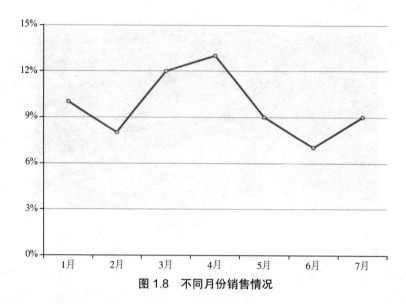

图 1.8   不同月份销售情况

● 数值平均,能够进行数列中所有数值平均数值的统计,平均数分为普通平均数和加权平均数两种。普通平均数由于所有数值平等,因此权重都是 1;而加权平均中,由于不同数值权重的不同,因此在计算平均值时,不同数值要乘以不同权重。例如,计算一年中每个月的平均销量,这个时候就用数值平均,并且每个月的权重是相同的,直接把 12 个月的销量相加,除以 12 即可;而如果要计算一个平均信用得分情况,由于影响信用分的因素很多,而且不同因素的权重不一样,这个时候就需要使用加权平均。数值平均计算公式如图 1.9 所示。

$$M = \frac{X_1 + X_2 + \cdots + X_n}{n}$$

$$M = \frac{X_1 \times f_1 + X_2 \times f_2 + \cdots + X_k \times f_k}{f_1 + f_2 + \cdots + f_k}$$

图 1.9   数值平均计算公式

● 位置平均,通常用某一个特殊位置上的数或出现次数最多的数表示,基于位置的指标最常用的就是中位数,基于出现次数最多的指标就是众数。其中,众数是一系列数据中出现次数最多的数,只有在总体内单位足够多时才有意义;中位数是将一系列值中的每一个值,按照从小到大的顺序排列,处于中间位置的数值就是中位数,因为处在中间位置有一半变量大于该值,有一半小于该值,所以可以用这样的中等水平来表示整体的一般水平。

(4)离散程度指标

数值的离散情况通常使用方差、标准差、极差等指标衡量,使用极差衡量数据的宽度,使用方差和标准差衡量数据的分散性。

(5)相关性指标

常用相关系数来表示变量之间的关系,范围为 -1~1,相关系数的绝对值越大说明相关性越强。

（6）相关关系与因果关系

相关关系跟因果关系类似，相关关系只能说明两件事情有关联，而因果关系则在相关关系的基础上，说明一件事情导致了另外一件事情的发生。因果关系如图 1.10 所示。

不看　　　　　不戴　　　　　结果

图 1.10　因果关系

4. 数据分析分类

根据分析的目的不同，目前可以将数据分析分为描述性分析、诊断性分析、预测性分析、指令性分析四个类型。

（1）描述性分析

描述性分析是根据现有数据进行直接的分析，分析出发生了什么，是最常见的一种分析类别，如销售月报、年度报表等，销售月报如图 1.11 所示。

图 1.11　销售月报

（2）诊断性分析

诊断性分析是描述性分析的下一个阶段，用于分析为什么会发生，能够在描述性分析的基础上获取更多的核心数据。

（3）预测性分析

预测性分析主要用于进行预测，借助预测模型推测事件在未来发生的可能性或预估事情发生的时间点。在充满不确定性的环境下，进行预测分析能够为决定提供支持。2020—2030 年我国 5G 市场规模预测如图 1.12 所示。

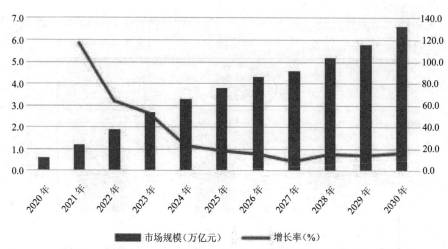

图 1.12　2020—2030 年我国 5G 市场规模预测

市场规模（万亿元）　　增长率（%）

（4）指令性分析

指令性分析是基于以上三种类型进行分析，主要分析"发生了什么""为什么会发生"和"可能发生什么"，帮助用户决定后面需要做什么，怎么做。通常情况下，指令性分析并不会单独使用，而是在描述性分析、诊断性分析、预测性分析完成后才会使用。例如路线导航，通过对路线距离、行驶速度、交通管制等各方面因素的分析，来帮助选择最好的路线，路线导航如图 1.13 所示。

图 1.13　路线导航

技能点二 数据分析方法理论

在进行数据分析时,经常会遇到不知道从哪方面进行分析、分析什么样的内容、指标是否合理等情况,数据分析方法理论的出现使这些情况得到了改善,其是营销、管理等数据分析相关理论的统称,为数据分析提供如下多种保障。

● 分析思路梳理,使数据分析结构体系化;

● 将问题分解成相关联的部分,并显示它们之间的关系;

● 为后续数据分析的开展指引方向;

● 确保分析结果的有效性和正确性。

在一个数据分析中,如果没有数据分析方法理论的指导,整个数据分析尽管内容涵盖广泛,但会出现主线不明、各部分分析逻辑不清等情况。目前,常用的数据分析方法理论有PEST 分析法、5W2H 分析法、SWOT 分析法、4P 营销理论和逻辑树分析法。

1.PEST 分析法

在进行宏观环境因素的分析时,由于行业和企业的特点以及经营需求的不同,分析的具体内容将存在极大的差异,但都会对 Politics(政治)、Economy(经济)、Society(社会)、Technology(技术)四个外部环境因素进行分析,这种从各个方面进行宏观环境现状(变化趋势)分析的方法称为 PEST 分析法。PEST 分析法如图 1.14 所示。

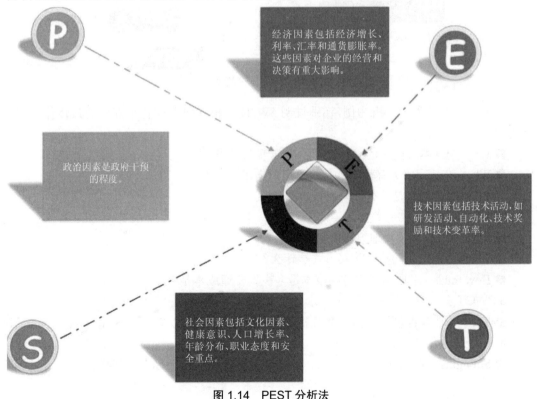

经济因素包括经济增长、利率、汇率和通货膨胀率。这些因素对企业的经营和决策有重大影响。

政治因素是政府干预的程度。

技术因素包括技术活动,如研发活动、自动化、技术奖励和技术变革率。

社会因素包括文化因素、健康意识、人口增长率、年龄分布、职业态度和安全重点。

图 1.14 PEST 分析法

其中,四个外部环境因素主要包括的关键指标如下。

● 政治环境:政治体制、经济体制、财政政策、税收政策、产业政策、投资政策、专利数量、国防开支水平、政府补贴水平等。

● 社会环境:人口规模、性别比例、年龄结构、生活方式、购买习惯、城市特点、出生率、死亡率、种族结构、妇女生育率、教育状况、宗教信仰状况等。

● 技术环境:新技术的发明和进展、折旧和报废速度、技术更新速度、技术传播速度、技术商品化速度、国家投入的研发费用、专利个数、专利保护情况等。

● 经济环境:GDP 增长速度、进出口总额及增长率、利率、汇率、通货膨胀、消费价格指数、居民可支配收入、失业率、劳动生产率等。

2.5W2H 分析法

5W2H 分析法由五个 W 开头的英语单词和两个 H 开头的英语单词组成,不仅简单、方便,而且易于理解和使用,富有启发意义,并能够广泛地用于企业营销、管理活动,对于决策和执行性的活动措施提供支持,以及对考虑问题的疏漏进行弥补。5W2H 分析法如图 1.15 所示。

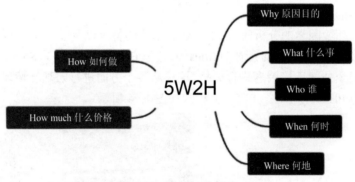

图 1.15　5W2H 分析法

以用户购买行为的分析为例,详细说明 5W2H 分析法包含的各个部分的具体作用,如下所示。

● Why:用户购买的目的是什么？产品能够在哪些方面吸引用户？

● What:产品或服务有什么？是否与用户需求一致？

● Who:用户群体是什么？有何特点？

● When:购买频次是多少？

● Where:产品在哪个地方能够卖出去？

● How:用户怎么购买？购买方式是什么？

● How much:用户购买的时间成本是多少？交通成本是多少？

3.SWOT 分析法

SWOT 分析法,也可以称为态势分析法,主要有 Strengths、Weaknesses、Opportunities、Threats 四个因素组成,如图 1.16 所示。

● Strengths:SWOT 中的 S,表示优势,即你的优势是什么？你有哪些特长？

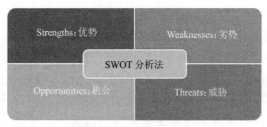

图 1.16 SWOT 分析法

● Weaknesses：SWOT 中的 W，表示劣势，即你的劣势是什么？你还存在着哪些不足？

● Opportunities：SWOT 中的 O，表示机会，即你的身边存在哪些机会？外部因素哪些对你是有利的？

● Threats：SWOT 中的 T，表示威胁或风险，即你的身边有什么阻碍？外部因素哪些对你不利？你存在哪些敌人？

使用 SWOT 分析法，通过调查能够将企业自身的内部优势、劣势和外部的机会和威胁等按照矩阵的形式排列展示出来，并利用系统分析的思想，将公司的战略与公司内部资源、外部环境有机地结合起来，进行全面、系统、准确的研究分析，从而得出带有决策性质的相应结论。SWOT 分析法因素的有机结合如图 1.17 所示。

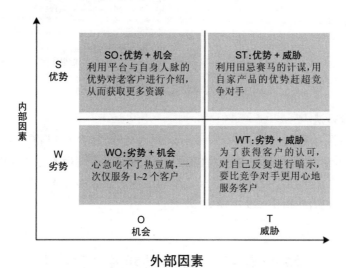

图 1.17 SWOT 分析法因素的有机结合

4.4P 营销理论

4P 营销理论最早出现于 20 世纪 60 年代的美国，由尼尔·博登提出，其以市场为主导，能够广泛地应用在营销领域，并通过其包含的产品（Product）、价格（Price）、渠道（Place）、推广（Promotion）四个类别要素的结合、协调发展，提高企业的市场份额。

● 产品：主要指提供给市场，能够使用和消费并满足某种需要的任何东西，包括有形产品、服务、人员、组织、观念或它们的组合。

● 价格：指产品售卖时的价格，包括基本价格、折扣价格、支付期限等，易受需求、成本与竞争的影响。

● 渠道:指产品从其生产的企业流转到购买的用户手上整个过程中经历的各个环节。

● 推广:指企业通过一系列销售手段的改变(比如让利、买一送一、营造现场气氛等),短期刺激用户消费达到吸引其他品牌的用户或导致提前消费来促进销售增长的目的。其中,广告、宣传推广、人员推销、销售促进是一个机构进行促销常用的四大手段。

4P 营销理论在实际的应用中,需要开发人员能够根据实际业务情况灵活地进行调整,切忌生搬硬套。因为,只有在深刻理解公司需求的情况下,才能较好地进行相关的数据分析,否则会出现脱离实际的情况,导致得出的结论没有任何的指导意义,犹如纸上谈兵,甚至贻笑大方。下面使用 4P 营销理论对公司业务运营的整体情况进行分析,分析内容如图 1.18 所示。

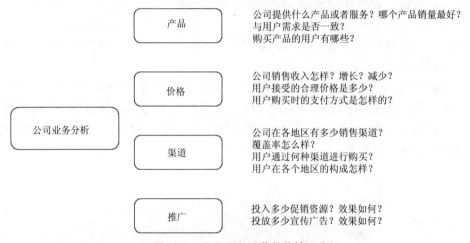

图 1.18　公司业务运营整体情况分析

5. 逻辑树分析法

逻辑树分析法又称问题树、演绎树或分解树等分析法,其可以将一个已知的问题作为"主干",将与这个问题有关的问题作为"支干",使问题解决过程的完整性得到保障,并将整个工作过程细分为多个便于操作的任务,之后确定各个任务的优先顺序,明确地将责任落实到个人。逻辑树分析法如图 1.19 所示。

技能点三　常用数据分析方法

数据分析方法理论主要从宏观角度指导如何进行数据分析,它就像是一个数据分析的前期规划,指导着后期数据分析工作的开展。而数据分析方法则是指具体的分析方法,如常见的分类分析、关联分析、聚类分析、回归分析等数据分析法。

1. 分类分析

分类(Classification)是一种基本的数据分析方式,能够将数据对象按照其特点划分为不同的部分和类型,之后进行分析,挖掘出事物的本质,实现更准确地预测和分析,如信用评级、风险等级、欺诈预测、人脸识别、医学诊断、手写字符识别等。目前,常用的分类分析方法有线性判别分析、支持向量机、决策树、朴素贝叶斯。

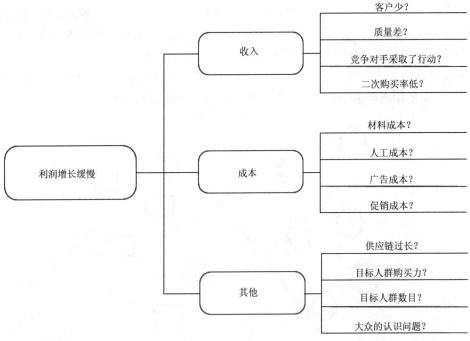

图 1.19 逻辑树分析法

（1）线性判别分析

线性判别分析，英文名为"Linear Discriminant Analysis"，简称 LDA，也可称为 Fisher 线性判别，是一种经典的线性学习方法，通过费舍尔线性鉴别方法的归纳，能够在对历史数据进行投影时，使同一类别的数据尽量靠近，不同类别的数据尽量分开，并在形成线性判别模型后对新生成的数据进行分离和预测，主要应用于破产预测、脸部识别、市场营销、生物医学研究等领域中。线性判别分析如图 1.20 所示。

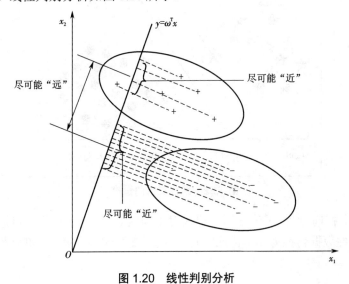

图 1.20 线性判别分析

（2）支持向量机

支持向量机，英文名为"Support Vector Machine"，简称 SVM，于 1964 年被提出，是一种二分类模型，能够通过决策边界（将学习样本问题转化为凸二次规划问题，求解后得出的最大边距超平面）对数据样本进行分割，主要应用于人像识别、文本分类等场景中。目前，支持向量机有三种模式，即线性可分支持向量机、线性支持向量机、非线性支持向量机。

● 线性可分支持向量机：能够通过一根线将两个区域进行非常清晰的划分，其中，这根线到支持向量的距离即最小距离。线性可分支持向量机如图 1.21 所示。

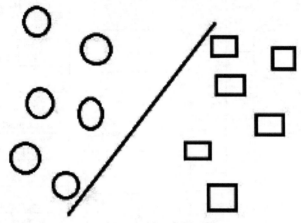

图 1.21 线性可分支持向量机

● 线性支持向量机：通过一根线进行区域的划分后，尽管有误判点存在的可能性，但还是线性的，其中，线到支持向量的最小距离存在不确定性，但在实际操作中能够将其他非规则的支持向量忽略。线性支持向量机如图 1.22 所示。

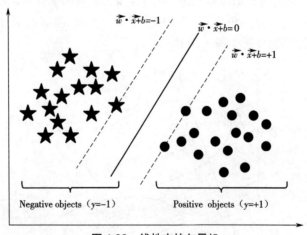

图 1.22 线性支持向量机

● 非线性支持向量机：无法使用一根线对不同区域进行划分，但可以通过核函数的使用，将低维非线性数据转换为高维特征空间后，使用线性支持向量机。非线性支持向量机如图 1.23 所示。

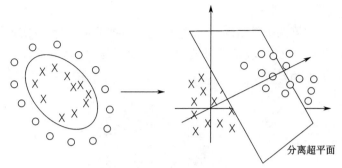

图 1.23　非线性支持向量机

（3）决策树

决策树,英文名为"Decision Tree",是一种树形结构,主要由一个根节点、多个内部节点以及多个叶节点组成,各个节点之间通过边相连,如图 1.24 所示。

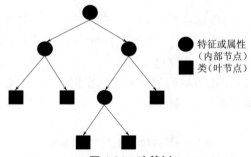

●　特征或属性
　　（内部节点）
■　类（叶节点）

图 1.24　决策树

通过决策树的使用,能够在多种情况发生概率已知的基础上进行净现值的期望值的获取,实现项目风险的评估以及项目的可行性判断。例如用户贷款推荐,通过对"职业""年龄""收入""学历"等多个条件的判断,最后得出用户是否有贷款意向,效果如图 1.25 所示。

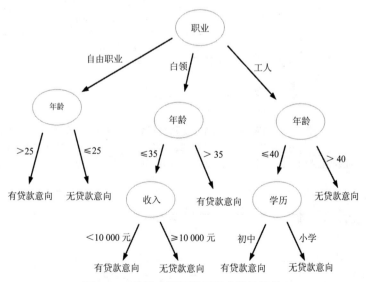

图 1.25　使用决策树进行用户贷款推荐

（4）朴素贝叶斯

朴素贝叶斯是分类算法中常用的一种，能够通过数据的某些特征，实现该数据类别的推断，其多用于文本的分类，如垃圾邮件过滤、网络信息过滤、信息检索、信用评估、文字识别等。朴素贝叶斯如图 1.26 所示。

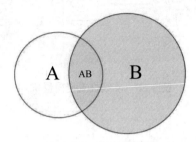

图 1.26   朴素贝叶斯

2. 关联分析

关联分析，又称关联挖掘，能够在频繁项集中进行数据之间某种关联规则的寻找，其中，频繁项集指经常出现在一块的物品的集合；关联规则用于暗示两个物品之间可能存在的关系，通常可以由支持度、置信度两个指标进行量度。

● 支持度：数据集中包含该项集的记录所占的比例，例如对顾客购买商品的交易信息支持度进行计算，顾客购买商品的交易信息见表 1.1。

表 1.1   顾客购买商品的交易信息

交易码	商品
001	豆奶、橙汁
002	尿布、啤酒
003	豆奶、橙汁、尿布、啤酒
004	豆奶、橙汁、啤酒
005	尿布、啤酒

其中，记录总数为 5，每个项集的支持度见表 1.2。

表 1.2   顾客购买商品的交易信息包含项集的支持度

项集	支持度
豆奶	3/5
橙汁	3/5
尿布	3/5
啤酒	4/5
啤酒、尿布	3/5
橙汁、豆奶、啤酒	2/5

● 置信度：用于表示出现某种商品时，另一种或一些商品必定出现的概率，以表 1.1 中顾客购买商品的交易信息中尿布、啤酒为例进行计算，得出的结果见表 1.3。

表 1.3　尿布、啤酒置信度计算

规则	描述	置信度
{尿布}→{啤酒}	在出现尿布的时候，同时出现啤酒的概率	尿布、啤酒支持度／尿布支持度 = (3/5)／(3/5)=1
{啤酒}→{尿布}	在出现啤酒的时候，同时出现尿布的概率	尿布、啤酒支持度／啤酒支持度 = (3/5)／(4/5)= 3/4

关联分析的算法并不是很多，最为典型的是 Apriori 算法。Apriori 算法是一种关联规则挖掘算法，能够从数据集内部挖掘关联规则，为企业决策提供支持，简单来说就是通过已经出现的情况进行关联规则的预测，达到节约成本、增加经济效益的目的，如超市商品的位置摆放、产品所在仓库位置等。Apriori 算法实现关联规则的预测需要两个步骤。

● 第一步：通过迭代操作，对事务数据库中包含的所有频繁项集进行检索，即支持度不低于用户设定阈值的项集。

● 第二步：利用频繁项集，构造出满足用户最小信任度的规则。

3. 聚类分析

聚类分析是一种对静态数据进行分类的技术，能够根据个体特征将数据分成多个聚合类，每个聚合类中存在数据的特性尽可能相同，而不同聚合类之间所包含特性的差异性尽可能大，被广泛应用于机器学习、数据挖掘、模式识别、图像分析以及生物信息等领域。另外，聚类分析是一种探索性的分析，也就是说，不需要分类的标准，即可根据样本数据的特性自动进行分类，这也是聚类分析与分类分析最大的不同，并且在进行聚类分析时，选择的聚类方法不同，得到的结论一般也是不同的。目前，根据作用的不同，可以将聚类分析方法划分为五种，见表 1.4。

表 1.4　聚类分析方法分类

分类	描述	主要方法
划分方法	给定一个有 N 个元组或者纪录的数据集，用分裂法将构造 K 个分组，每一个分组就代表一个聚类	k-Means、K-MEDOIDS、CLARANS、FCM
层次分析方法	对给定的数据集进行层次似的分解，直到某种条件满足为止，存在"自底向上"和"自顶向下"两种方案	BIRCH、CURE、CHAMELEON
基于密度的方法	根据密度完成对象的聚类	DBSCAN、OPTICS、DENCLUE
基于网格的方法	将对象空间划分为有限个单元以构成网格结构，然后利用网格结构完成聚类	STING、CLIQUE、WA-VE-CLUSTER
基于模型的方法	给每一个聚类假定一个模型，然后去寻找能够很好地满足这个模型的数据集	COBWEB、CLASSIT

其中,最为常用的方法有 k-Means、FCM、DBSCAN、CURE。

（1）k-Means

k-Means 是划分方法中比较经典的一种,能够在接收到参数 K 后,将 N 个对象分成 K 个簇,其中,簇内数据相似度较高,而簇间相似度则较低。另外,k-Means 由于具有较高的效率被广泛应用于大规模数据的聚类分析,如文档分类、识别犯罪地点、客户分类、保险欺诈检测、网络分析犯罪分子等。k-Means 分析方法如图 1-27 所示。

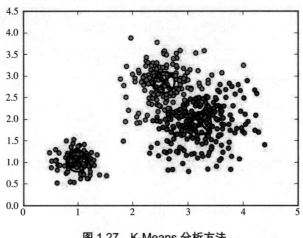

图 1.27　K-Means 分析方法

（2）FCM

FCM,英文名为"Fuzzy C-means Algorithm",即模糊 C 均值算法,于 1973 年被 Bezdek 提出,是一种基于划分的模糊聚类算法,能够通过隶属度确定样本数据的类属,实现样本数据的自动分类,相比于 K-Means 算法,FCM 主要的优势在于模糊划分,主要应用于大规模数据分析、数据挖掘、矢量量化、图像分割、模式识别等领域。FCM 分析方法如图 1.28 所示。

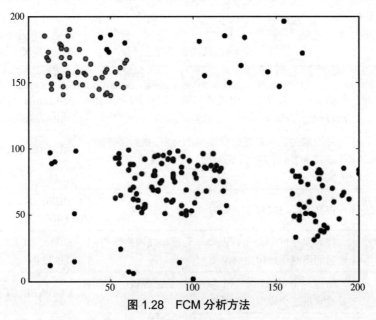

图 1.28　FCM 分析方法

（3）DBSCAN

DBSCAN，英文名为"Density-Based Spatial Clustering of Applications with Noise"，是一种基于密度的聚类算法，能够将一定空间内包含对象数目不小于给定数据密度的区域划分为一个簇，并在具有噪声的空间数据库中发现任意形状的簇，它将簇定义为密度相连点的最大集合，DBSCAN 分析方法如图 1.29 所示。

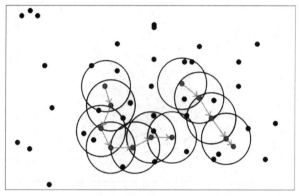

图 1.29　DBSCAN 分析方法

（4）CURE

CURE，英文名为"Clustering Using Representative"，是层次聚类分析的一种，通过"单链"和"组平均"进行大型数据、离群点、具有非球形大小和非均匀大小簇等数据的处理。其中，"单链"会将由低密度带连接的两个簇错误地合并为一个簇；"组平均"则会将瘦长的簇拆散。CURE 分析方法如图 1.30 所示。

4. 回归分析

回归分析是一种用于预测的统计分析方法，能够根据因变量（目标）和自变量（预测器）进行因果关系的判断。在使用时，通过回归模型的建立，根据实测数据对模型进行求解获取模型的相关参数，之后使用回归模型进行实测数据的拟合测试，当拟合测试良好时，即可根据自变量进行进一步的预测。回归分析的运用十分广泛，如价格预测、疾病预测、推荐系统等。目前，常用的回归方法有逻辑回归、线性回归、多项式回归、岭回归、套索回归、弹性网络回归。

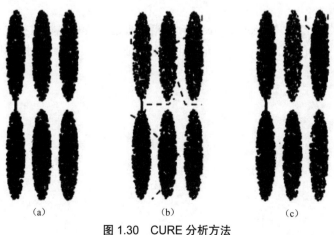

(a)　　　　(b)　　　　(c)

图 1.30　CURE 分析方法

（1）逻辑回归

逻辑回归，英文名为"Logistic Regression"，简称LR，是一种经典的二分类算法，通过将数据拟合到一个Logistic函数（一种常见的S形函数）中，从而实现对事件发生概率的预测，如疾病自动诊断、经济预测等，逻辑回归分析方法如图1.31所示。

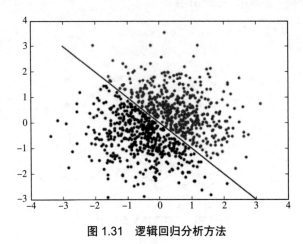

图 1.31　逻辑回归分析方法

在逻辑回归中，用于对数据进行分割的边界叫作判定边界，边界的两旁为不同类别的数据，其中，判定边界有多种样式，如直线、曲线、圆等，如图1.32所示。

图 1.32　判定边界样式

（2）线性回归

线性回归，英文名为"Linear Regression"，能够通过一条直线将数据之间的关系进行较为精确的描述，之后预测出新数据的值，但不能保证值的准确性，线性回归分析方法如图1.33所示。

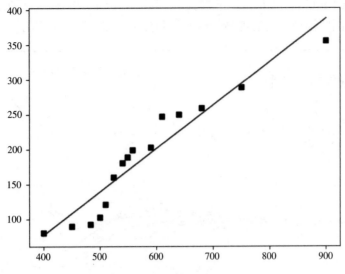

图 1.33 线性回归分析方法

（3）多项式回归

多项式回归，英文名为"Polynomial Regression"，属于线性回归的一种，能够解决样本数据不成线性关系无法进行线性回归的问题，在使用时，其会将原有数据特征通过平方等方式向训练集中增加新的特征。多项式回归分析方法如图 1.34 所示。

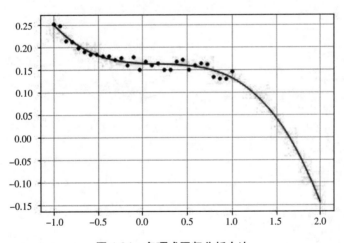

图 1.34 多项式回归分析方法

（4）岭回归

岭回归，英文名为"Nidge Regression"，又因其最后效果类似于山脊，因此又称脊回归，是一种专用于共线性数据分析的有偏估计回归方法，通常用于具有高度相关性自变量数据的拟合，能够在原来的偏差基础上再增加一个偏差度来减小总体的标准偏差。岭回归分析方法如图 1.35 所示。

（5）套索回归

套索回归，英文名为"Least Absolute Shrinkage and Selection Operator"，简称 LASSO，于

1996 年被 Robert Tibshirani 提出，能够进行回归系数大小的二次修正，并通过参量变化程度的降低实现线性回归模型精度的提高。套索回归分析方法如图 1.36 所示。

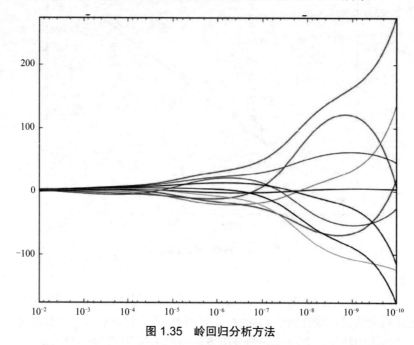

图 1.35　岭回归分析方法

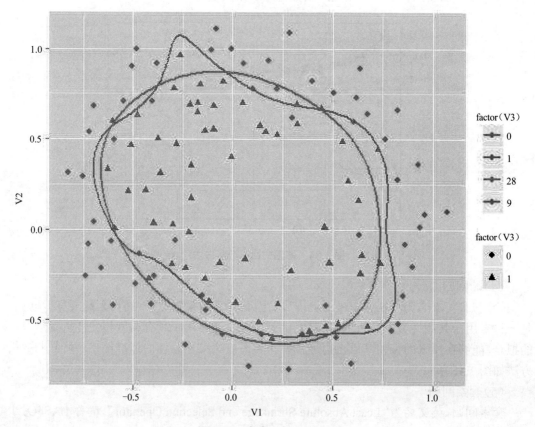

图 1.36　套索回归分析方法

（6）弹性网络回归

弹性网络回归，英文名为"ElasticNet"，通过融合岭回归和套索回归，使用 LASSO 回归进行训练，岭回归优先作为正则化矩阵，并且与套索回归相比，在特征选择时，套索回归会随机选择其中一个，而弹性网络回归则会选择两个。弹性网络回归分析方法如图 1.37 所示。

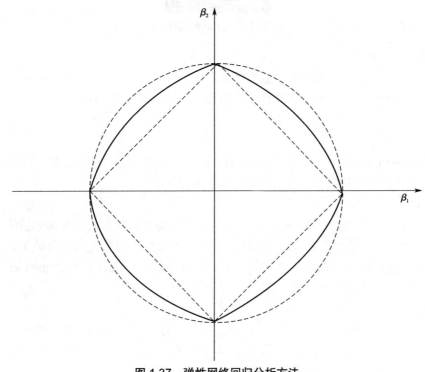

图 1.37　弹性网络回归分析方法

技能点四　常用数据分析工具

1.Excel 工具

Excel 是 Microsoft 为使用 Windows 和 Apple Macintosh 操作系统的电脑编写的一款电子表格软件，直观的界面、出色的计算功能和图表工具，再加上成功的市场营销，使 Excel 成为最流行的个人计算机数据处理软件之一，Excel 图标如图 1.38 所示。

图 1.38　Excel 图标

2.Python

Python 是一种面向对象的解释型计算机程序设计语言,由荷兰人 Guido van Rossum 于 1989 年发明, Python 语言并不能很好地进行数据的分析,但其提供了多种用于数据分析的库或模块,包含 NumPy、Pandas、SciPy、sklearn、seaborn 等。

（1）NumPy

NumPy（Numerical Python）是 Python 语言的一个扩展程序库,支持大量的维度数组与矩阵运算,此外也针对数组运算提供大量的数学函数库。

（2）Pandas

Pandas 是基于 NumPy 的一种工具,该工具是为了解决数据分析任务而创建的。Pandas 纳入了大量库和一些标准的数据模型,提供了高效地操作大型数据集所需的工具。Pandas 提供了大量能使我们快速便捷地处理数据的函数和方法。Pandas 是使 Python 成为强大而高效的数据分析环境的重要因素之一。

（3）SciPy

SciPy 是一个用于数学、科学、工程领域的常用软件包,可以用于插值、积分、优化、图像处理、常微分方程数值解的求解、信号处理等问题。它用于有效计算 NumPy 矩阵,使 NumPy 和 SciPy 协同工作,高效解决问题。

（4）sklearn

sklearn（scikit-learn）是机器学习中常用的第三方模块,对常用的机器学习方法进行了封装,包括回归（Regression）、降维（Dimensionality Reduction）、分类（Classfication）、聚类（Clustering）等方法。当我们面临机器学习问题时,便可根据需要来选择相应的方法。

（5）seaborn

seaborn 是基于 Matplotlib 的图形可视化 Python 包。它提供了一种高度交互式界面,便于用户能够作出各种有吸引力的统计图表。

通过以上的学习,可以了解大数据关于数据分析的相关知识。为了更好地理解数据分析在大数据中的作用,通过以下几个步骤,使用 Python 的基础知识实现白葡萄酒各项指标数据的分析,完成对白葡萄酒品质的预测,步骤如下。

第一步:加载数据。

　　引入 csv 模块,之后将数据文件"wine.csv"以只读方式打开,保存打开文件为 f,然后对打开的文件对象 f 使用 csv.reader() 方法,并保存为 reader,创建一个新的列表 text,最后使用 for 循环将 reader 中的数据逐行读取并添加到 text 中,代码 CORE0101 如下。

代码 CORE0101

```python
# 导入模块
import csv
# 读取文件
f = open("wine.csv", "r")
reader = csv.reader(f)
# 定义列表
text = []
# for 循环读取数据并添加到列表中
for i in reader:
    text.append(i)
f.close()
# 查看前 10 行数据
print(text[:10])
```

效果如图 1.39 所示。

图 1.39　数据导入与查看

　　第二步:获取白葡萄酒品质等级。

　　新建用于保存样本品质等级的 qualities 列表,之后遍历 text 列表,获取列表中除第一行外每一行的最后一个元素,并将其保存在 qualities 列表中,然后将 qualities 列表转换为集合后保存到 unity_quality 变量中,代码 CORE0102 如下。

代码 CORE0102

```python
# 定义列表
qualities = []
# 遍历 text 列表
for row in text[1:]:
```

```
    # 获取每行最后一个元素
    qualities.append(int(row[-1]))
# 将列表转换为集合
unity_quality = set(qualities)
# 打印白葡萄酒的品质等级
print(unity_quality)
```

效果如图 1.40 所示。

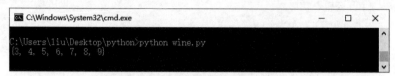

图 1.40　获取白葡萄酒品质等级

第三步：数据集划分。

新建用于存储每个子数据集的 content_dict 字典，之后对除第一行的 text 列表进行遍历，并将选取的质量值转换为 int 类型，如果 quality 不存在于 content_dict 键中，则新建 quality 键，并初始化一个只有这一行内容的列表；如果存在，则对该键增添这一行内容，代码 CORE0103 如下。

代码 CORE0103

# 定义字典 	
content_dict = {}
# 遍历 text 列表 	
for row in text[1:]:
　　# 选取质量值并转为 int 型
　　quality = int(row[-1])
　　# 判断，quality 不存在于 content_dict 键中
　　if quality not in content_dict.keys():
　　　　# 新建 quality 键，并初始化一个只有这一行内容的列表
　　　　content_dict[quality] = [row]

# 存在 	
　　else:
　　　　# 对该键增添这一行内容
　　　　content_dict[quality].append(row)
# 打印 content_dict 字典的键 	
print(content_dict.keys())

效果如图 1.41 所示。

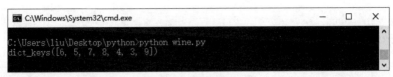

图 1.41　数据集划分

第四步：样本统计。

新建一个用于存储样本数量的空集合 number_tuple，之后通过 for 循环方式对 content_dict 字典进行遍历，获取质量键以及其对应的数据长度，这个长度即样本数量，代码 CORE0104 如下。

代码 CORE0104

```python
# 定义集合
number_tuple = []
# 遍历 content_dict 字典
for key, value in content_dict.items():
    # 获取键及其对应值的长度
    number_tuple.append((key, len(value)))
# 打印每个品质对应的样本量
print(number_tuple)
```

效果如图 1.42 所示。

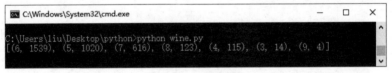

图 1.42　样本统计

第五步：固定酸度均值统计。

样本统计完成后，还可通过遍历方式实现固定酸度均值的统计，创建空集合 mean_tuple，之后同样进行 content_dict 字典的遍历，并在该循环中对该键对应的固定酸度值进行加法操作，然后用加法操作得到的结果除以该键对应的样本数量即可得到该键对应的固定酸度均值，代码 CORE0105 如下。

代码 CORE0105

```python
# 定义集合
mean_tuple = []
# 遍历 content_dict 字典
for key, value in content_dict.items():
    # 定义变量
    sum = 0
    # 对键对的值进行遍历
```

```
    for row in value:
        # 将所有值相加
        sum += float(row[0])
    # 获取固定酸度均值
    mean_tuple.append((key, sum/len(value)))
# 输出每个质量值对应的固定酸度均值
print(mean_tuple)
```

运行以上代码,出现如图 1.1 所示效果即可说明白葡萄酒固定酸度均值统计成功。
至此,基于 Python 的白葡萄酒品质预测完成。

本项目通过白葡萄酒数据的读取、遍历及数据分析,使学生对数据分析的相关知识有了初步了解,了解并掌握数据分析的方法理论、分析方法及工具,能够通过所学的 Python 基础实现大数据分析功能。

statistics	统计	smoothing	平滑处理
analysis	分析	politics	政治
economy	经济	technology	技术
weaknesses	弱点	opportunities	商机
classification	分类	discriminant	判别式
support	支持	vector	向量
representative	代表	regression	回归

1. 选择题

(1)数据分析不包含的功能是(　　　)。

A. 简单数学运算　　　　　　　　　　　B. 统计

C. 平滑和过滤　　　　　　　　　　　　D. 快速傅里叶变换

(2)常用数据分析指标有(　　　)个。

A.3　　　　　　　　　B.4　　　　　　　　　C.5　　　　　　　　　D.6

（3）数据分析有（　　）个类别。

A.3　　　　　　　　　　B.4　　　　　　　　　　C.5　　　　　　　　　　D.6

（4）下列（　　）方法理论能够进行宏观环境因素的分析。

A.PEST 分析法　　　　B.5W2H 分析法　　　　C.4P 营销理论　　　　D. 逻辑树分析法

（5）以下属于分类分析的方法是（　　）。

A. 朴素贝叶斯算法　　B.Apriori 算法　　　　C.K-Means 算法　　　　D.FCM 算法

2. 简答题

（1）简要叙述常用的数据分析应用场景。

（2）简要叙述什么是回归分析。

项目二 Excel 数据分析工具

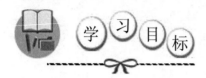

通过对 Excel 数据分析工具的学习，了解 Excel 数据处理的特点，熟悉 Excel 函数的使用，掌握数据分析方法及图表可视化，具有使用 Excel 数据分析工具进行数据分析和统计的能力，在任务实现过程中：

● 了解 Excel 数据处理的特点；
● 熟悉 Excel 函数的使用；
● 掌握数据分析方法及图表可视化；
● 具有使用 Excel 数据分析工具进行数据分析和统计的能力。

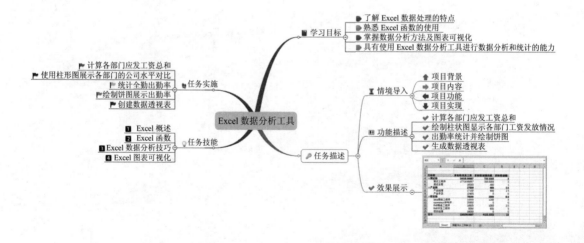

【情境导入】

随着计算机用户的数量不断攀升,应用水平也在不断提高,特别是在办公场合计算机已经普及,例如文案的设计、数据表格的设计等都离不开计算机,其中使用率较高的就是数据的计算与分析,Office 办公软件提供了一些丰富强大的功能可以让用户在办公室、学校或家里高效地工作,Office 中包含的 Excel 工具能够提供强大的数据分析和可视化功能,可以用来解决数据计算与汇总等相关问题。本项目通过对 Excel 数据分析工具的学习,最终实现员工工资的统计汇总。

【任务描述】

● 计算各部门应发工资总和。
● 绘制柱状图显示各部门工资发放情况。
● 统计出勤率并绘制饼图。
● 生成数据透视表。

【效果展示】

通过对本项目的学习,能够使用 Excel 中提供的强大的数据分析功能完成数据的统计与计算,对图 2.1 中的数据进行统计汇总,并生成数据透视表,效果如图 2.2 所示。

部门	职务	基本工资 (元)	职务工资 (元)	加班津补 (元)	奖金 (元)	应发工资 (元)	缺勤	缺勤扣款 (元)	实发工资 (元)
研发部	PHP开发工程师	6000	3000	350	200	9550	3	600	8950
研发部	测试工程师	5000	3000	350	200	8550	2	400	8150
研发部	项目经理	10000	5000	800	200	16000	0	0	16000
研发部	PHP高级工程师	12000	5000	600	200	17800	2.5	500	17300
研发部	openstack架构	15000	5000	700	200	20900	0	0	20900
测试部	测试主管	12000	4000	500	200	16700	1	200	16500
产品部	产品经理	12000	5000	500	200	17700	1.5	300	17400
产品部	产品专员	8000	2000	200	200	10400	0	0	10400
测试部	测试工程师	6000	3000	300	200	9500	0	0	9500
研发部	Java高级工程师	12000	30000	300	200	42500	3	600	41900

图 2.1 工资数据

行标签	求和项:实发工资	求和项:缺勤扣款	求和项:缺勤
测试部	26000	200	1
测试工程师	9500	0	0
测试主管	16500	200	1
产品部	27800	300	1.5
产品经理	17400	300	1.5
产品专员	10400	0	0
研发部	113200	2100	10.5
Java高级工程师	41900	600	3
openstack架构师	20900	0	0
PHP高级工程师	17300	500	2.5
PHP开发工程师	8950	600	3
测试工程师	8150	400	2
项目经理	16000	0	0
总计	167000	2600	13

图 2.2 效果图

技能点一　Excel 概述

1.Excel 简介

Microsoft Excel 作为 Microsoft Office 办公软件的组件之一,是 Microsoft 公司为 Windows 和 Apple Macintosh 操作系统而开发的一款试算表软件,Excel 主要用于实现对日常生活、工作中的表格数据的处理、统计分析和辅助决策操作,被广泛应用于管理、财经、金融等诸多领域。Excel 通过友好的人机界面和简单易学的智能操作方式,使用户轻松拥有实用美观、个性十足的实时表格,是工作、生活中的得力助手。Excel 界面如图 2.3 所示。

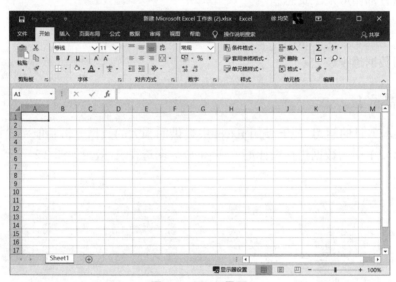

图 2.3　Excel 界面

2.Excel 电子数据表的特点

Excel 电子数据表主要应用于对数据的处理、统计分析,简单数据库的管理,还能够实现简单的可视化功能,实现与网络的资源共享,还能够利用 Visual Basic for Application(VBA)语言开发面向特定应用的程序。Excel 的特点如下。

（1）图形用户界面

Excel 的图形用户界面是标准的 Windows 窗口形式,有控制菜单、最大化、最小化按钮,标题栏,菜单栏等内容,使用方便。

（2）表格处理

Excel 比较突出的特点是对所有的数据、信息都采用表格的方式进行管理,数据间的关系一目了然,数据的展示更为直观、方便,更容易理解。

（3）数据分析

Excel 除了能够将各种数据进行格式化的处理外,还具有强大的数据处理和数据分析功能,提供了几百个内置函数满足许多领域的数据处理与分析的要求。

（4）图表制作

图表是数据的最佳表现形式,可以直观地显示出数据特征,例如数据值的大小、数据变化趋势、集中程度和离散程度等都可以通过图表的形式直观地反映出来。Excel 提供的图表类型有条形图、柱形图、折线图、散点图、股价图以及多种复合图表和三维图表,且对每一种图表类型还提供了几种不同的自动套用图表格式,用户可以根据需要选择最有效的图表来展现数据。

技能点二　Excel 函数

1. 函数相关概念

在介绍 Excel 函数之前,首先讲解 Excel 中函数使用的语法、运算符和单元格的相对引用与绝对引用等知识。

（1）函数语法

Excel 中函数使用的语法规则如下。

函数名 (参数)

如当使用 SUM 函数统计单元格内数据的总和时函数为: SUM(A1,B2,…),参数间使用","分隔。

（2）运算符

Excel 中的运算符与数学运算符基本类似,分为公式运算符、比较运算符和引用运算符,分类详情如下。

● 公式运算符:加(+)、减(−)、乘(*)、除(/)、百分号(%)、乘幂(^)。

● 比较运算符:大于(>)、小于(<)、等于(=)、小于等于(<=)、大于等于(>=)、不等于(<>)。

● 引用运算符:区域运算符(:)、联合运算符(,)。

（3）单元格引用

在 Excel 中包含相对引用、绝对引用和混合引用三种,单元格引用常用于 Excel 函数中。三种引用方式的使用方法和区别如下。

1）相对引用

相对引用是指将单元格的公式复制到其他单元格时,行或列的引用就会随之改变,即代表行的字母或代表列的数字会根据实际公式的偏移量做相应改变。例如, Excel 表格的 A1:D3 区域有如图 2.4 所示的内容,在 F4 单元格中输入公式 A1,然后向下填充到 F6,单元格中的公式会依次变为 A2 和 A3。

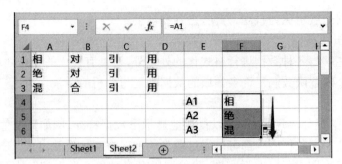

图 2.4　相对引用纵向填充

当改为横向填充时,公式会依次变为 B1,C1,D1,如图 2.5 所示。

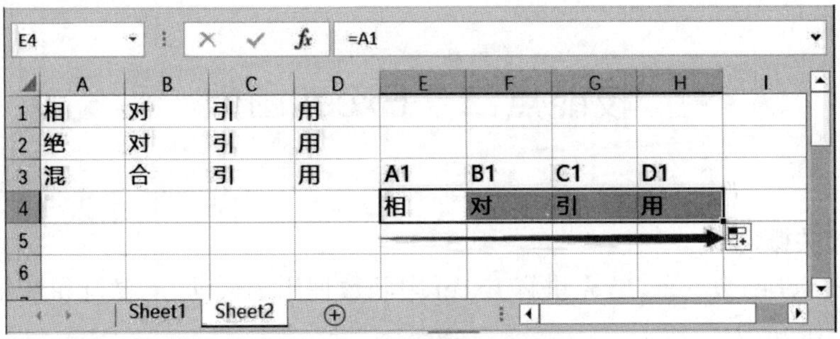

图 2.5　相对引用横向填充

2）绝对引用

将公式复制到其他单元格时公式内容不会改变即行或列的应用不会改变,将相对引用时使用的公式改为 A1,其中,"$"符号为绝对引用的标识,然后使用横向或纵向填充移动公式,公式中的引用不会改变,如图 2.6 所示。

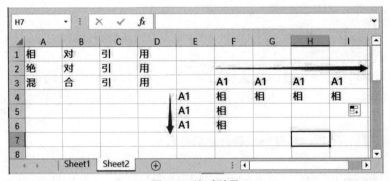

图 2.6　绝对引用

3）混合引用

顾名思义,混合引用即相对引用和绝对引用的组合,混合引用中可以任意将行或列设置为绝对引用,设置为绝对引用的行或列在移动时不会改变。将绝对引用使用的公式改为"A$1",表示列 A 为相对应用,行 1 为绝对引用。公式更改后分别开始横向和纵向填充,结果如图 2.7 所示。

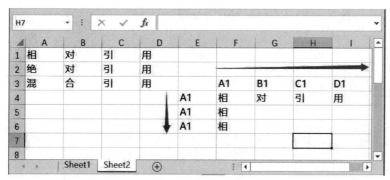

图 2.7 混合引用

2.Excel 常用数据分析函数

Excel 中的函数在功能上被分为了四类，分别为数学函数、逻辑函数、文本函数、查找与引用公式。每一类函数都能够对不同类型的数据完成计算或筛选等任务，常用函数的使用方法如下。

Ⅰ.数学函数

在日常工作、生活和学习过程中，常常会遇到需要对数据进行诸如求和、条件求和、计算单元格元素个数等运算。数学函数的返回值为数值形式，常用数学函数见表 2.1。

表 2.1 数学函数

函数	说明
=SUM()/=SUMIF	求和 / 条件求和函数
=COUNT()/=COUNTIF()	统计元素数量 / 条件统计元素数量函数
=AVERAGE()	求平均值函数
=ROUND()	四舍五入函数
=RANK()	排位函数
=PRODUCT()	乘积函数
=INT()	取整函数

（1）求和 / 条件求和

求和函数能够根据用户的需要和设置，计算区域内所有数值类型数据的总和，支持同时选择多个区域，并填充到函数所在位置，当选中区域内的数值发生改变时，函数会自动重新计算结果，求和函数分为简单求和函数和条件求和函数两种，使用方法和说明如下。

1）简单求和函数

简单求和函数能够做到所选区域内的数值和的计算，不能够设置计算条件，函数参数说明如下。

=SUM（数值 1, 数值 2, 数值 3,…）

使用 =SUM() 函数计算一年的工资总和，当前 Excel 表中有某职工每个月的工资数，此时在 B14 单元格中输入函数 =SUM()，如图 2.8 所示。

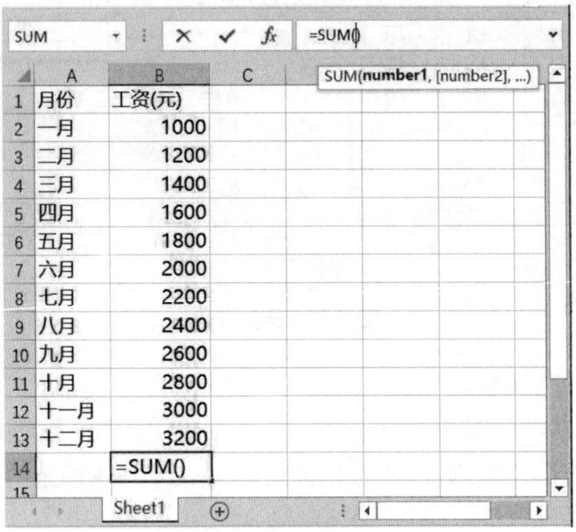

图 2.8　输入函数

将光标移动到函数的括号内，然后选中 B2:B13 区域点击"Enter"键计算工资和，如图 2.9 所示。

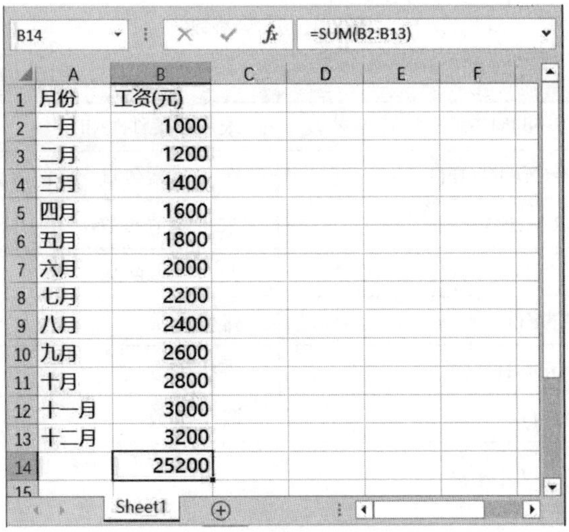

图 2.9　选择计算区域

2）条件求和

条件求和函数与求和函数的功能基本类似，区别在于条件求和函数中增加了计算条件的设置，条件求和函数需要设置的三个参数分别为条件区域、求和条件和实际求和区域，函数会判断条件区域内的数据是否满足求和条件，在满足的情况下对条件区域所对应实际求和区域内的数据进行求和，函数语法格式如下。

=SUMIF(条件区域,求和条件,实际求和区域)

当前 Excel 表中有某个商品在不同发货地的发货总数量，在 E2 单元格中输入函数

"=SUMIF()"，如图 2.10 所示。

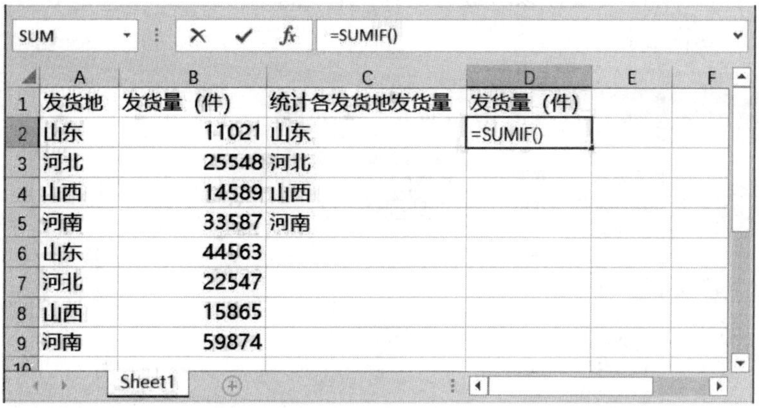

图 2.10　键入函数

移动光标到函数括号内，首先选中 A2:A9 区域并按"F4"键将 A2 和 A9 设置为绝对引用，然后输入英文状态下的","选中 D2:D5 区域并按"F4"键将 D5 设置为绝对引用，最后输入","，选中 B2:B9 区域并按"F4"键将 B2 和 B9 设置为绝对引用，按"Enter"键计算出山东发货总量，选中 E2 单元格向下填充公式，即可计算出全部发货地发货总量，结果如图 2.11 所示。

（2）统计元素数量 / 条件统计元素数量

统计元素数量函数即计算某区域中非空单元格的数量，可以支持同时选择多个统计区域，并将统计结果填充到函数所在单元格，当统计区域内的数据发生变化时计算结果会自动更新，统计元素数量函数分为两种，分别为普通统计元素数量函数和条件统计元素数量函数，使用方法和说明如下。

图 2.11　条件求和计算结果

1）普通统计元素数量函数

普通统计元素数量函数能够统计出所有区域内非空的单元格数量，当单元格中包含非数字数据时需要使用 =COUNTA() 函数，函数语法格式如下。

=COUNT（数值 1, 数值 2, 数值 3,…）
=COUNTA(值 1, 值 2, 值 3,…)

当前 Excel 表中有某个班级的违纪行为记录表,有违纪记录的学生会在对应的单元格中记录违纪字样,此时需要统计该班级有过违纪行为学生的数量,在 C2 单元格中输入函数"=COUNTA()",如图 2.12 所示。

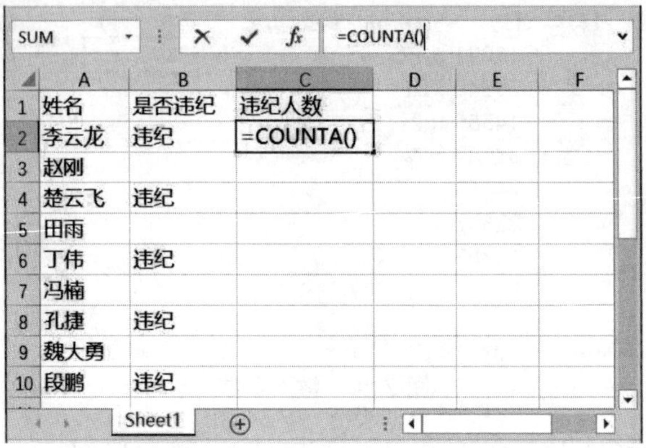

图 2.12　键入函数

将光标移动到函数的括号内拖动选择 B2:B10 区域单元格,按"Enter"键统计出有违纪记录的人数,如图 2.13 所示。

图 2.13　计算违纪人员数量

2)条件统计元素数量函数

条件统计元素数量函数同样用于统计区域内元素的数量,与普通统计元素数量函数的区别在于,该函数可以设置统计条件,只统计满足给定条件元素的数量,函数语法格式如下。

=COUNTIF(统计区域 , 统计条件)

当前有语文成绩 Excel 表,使用条件统计元素数量函数,统计出考 60 分以上学生的数量,在 C2 单元格输入函数"=COUNTIF()",如图 2.14 所示。

将光标移动到函数的括号内,并选中 B2:B10 区域,然后输入","并填写统计条件"">=60"",按"Enter"键开始统计,结果如图 2.15 所示。

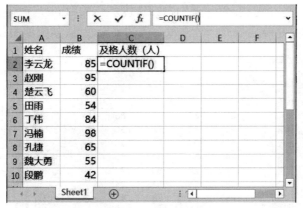

	A	B	C
1	姓名	成绩	及格人数（人）
2	李云龙	85	=COUNTIF()
3	赵刚	95	
4	楚云飞	60	
5	田雨	54	
6	丁伟	84	
7	冯楠	98	
8	孔捷	65	
9	魏大勇	55	
10	段鹏	42	

图 2.14　键入公式

	A	B	C
1	姓名	成绩	及格人数（人）
2	李云龙	85	6
3	赵刚	95	
4	楚云飞	60	
5	田雨	54	
6	丁伟	84	
7	冯楠	98	
8	孔捷	65	
9	魏大勇	55	
10	段鹏	42	

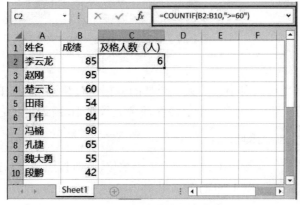

图 2.15　条件统计元素数量

（3）求平均值函数

求平均值函数是指计算选中区域内数值类型的平均值，该函数会先计算区域内所有数值类型数据的和，然后除以具有数值类型数据的单元格数量实现平均值的计算，函数语法格式如下。

```
=AVERAGE( 计算区域 )
```

当前有成绩 Excel 表，表内包含四门课程的成绩，需要使用平均值函数统计出每个学生的平均成绩，在 F2 单元格中输入函数“=AVERAGE()”，如图 2.16 所示。

	A	B	C	D	E	F
1	姓名	语文	数学	英语	政治	平均成绩
2	李云龙	85	66	78	88	=AVERAGE()
3	赵刚	95	33	52	56	
4	楚云飞	60	98	88	98	
5	田雨	54	54	44	65	
6	丁伟	84	22	89	74	
7	冯楠	98	51	65	84	
8	孔捷	65	69	78	45	
9	魏大勇	55	85	25	63	
10	段鹏	42	45	45	87	

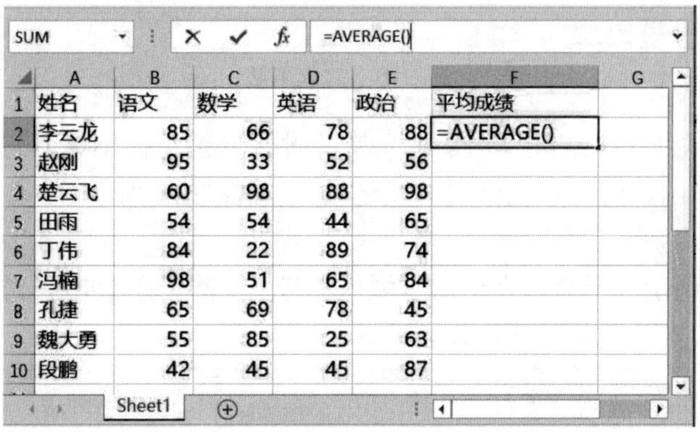

图 2.16　键入函数

将光标移动到函数括号内，然后选中 B2:E2 区域点击“Enter”键计算平均成绩，最后选择含有公式的 F2 单元格纵向填充计算出每个人的平均成绩，结果如图 2.17 所示。

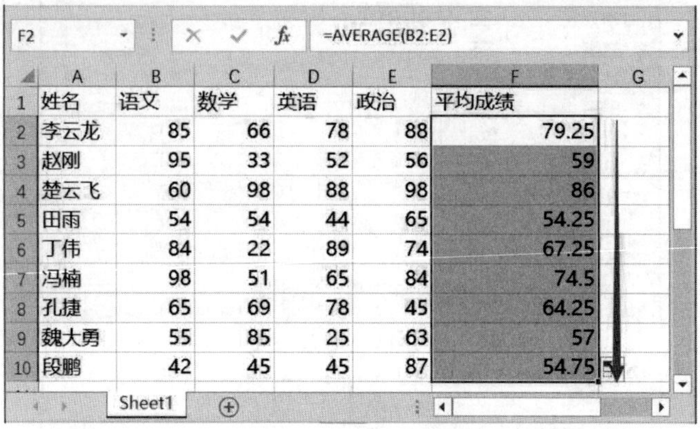

F2 =AVERAGE(B2:E2)

	A	B	C	D	E	F	G
1	姓名	语文	数学	英语	政治	平均成绩	
2	李云龙	85	66	78	88	79.25	
3	赵刚	95	33	52	56	59	
4	楚云飞	60	98	88	98	86	
5	田雨	54	54	44	65	54.25	
6	丁伟	84	22	89	74	67.25	
7	冯楠	98	51	65	84	74.5	
8	孔捷	65	69	78	45	64.25	
9	魏大勇	55	85	25	63	57	
10	段鹏	42	45	45	87	54.75	

图 2.17 计算平均成绩

（4）四舍五入函数

四舍五入函数是指对具有小数的数值类型的数据进行精确度调整的函数，能够根据需要对数值保留指定的小数位数，并且能够遵循四舍五入原则，函数语法格式如下。

=ROUND(数值 , 保留的小数位数)

上述案例中的学生平均成绩中大多包含了小数位，此时按照需求只需要保留一位小数，在 G2 单元格中输入函数“=ROUND()”，结果图 2.18 所示。

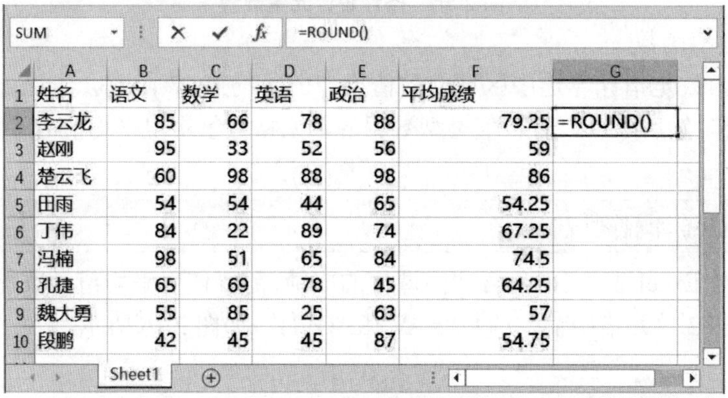

SUM =ROUND()

	A	B	C	D	E	F	G
1	姓名	语文	数学	英语	政治	平均成绩	
2	李云龙	85	66	78	88	79.25	=ROUND()
3	赵刚	95	33	52	56	59	
4	楚云飞	60	98	88	98	86	
5	田雨	54	54	44	65	54.25	
6	丁伟	84	22	89	74	67.25	
7	冯楠	98	51	65	84	74.5	
8	孔捷	65	69	78	45	64.25	
9	魏大勇	55	85	25	63	57	
10	段鹏	42	45	45	87	54.75	

图 2.18 键入函数

将光标移动到函数括号内选择 F2 单元格并设置保留一位小数，设置完成后按“Enter”键开始计算，并选中函数所在单元格向下填充，结果如图 2.19 所示。

（5）排位函数

排位函数能够确定一个数值在所选区域内的排名，常用于需要进行排名的场景，如比赛名次和销售业绩等，排位函数语法格式如下。

=RANK(数值 , 范围 , 序别) 1- 升序 0- 降序

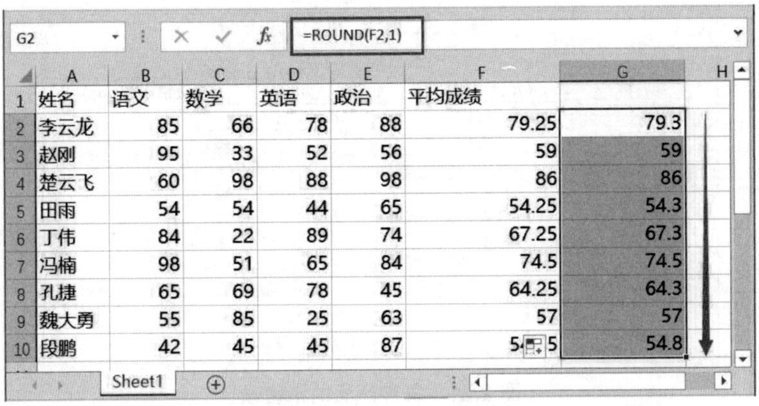

图 2.19　对平均分四舍五入

通过使用排位函数给学生进行排名,排名时成绩越高的学生排名越靠前,所以需要使用降序排序,分别确定每个人的成绩在所有人的成绩中的位置,在 H2 单元格中输入函数"=RANK(G2,G\$2:G\$10,0)"按"Enter"键计算排名,并向下填充,结果如图 2.20 所示。

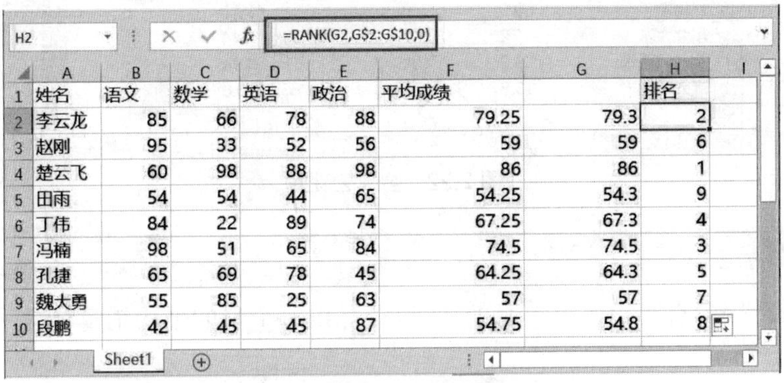

图 2.20　计算排名

（6）乘积函数

乘积函数可用于计算销售综合、财务数据等,可以实现区域内所有数据的乘积操作,乘积函数语法格式如下。

=PRODUCT（数值 1,数值 2,……）

当前 Excel 表中有某超市商品单价以及单日销售量,使用乘积函数计算出每种商品的销售额并使用求和函数计算全天营业额。

第一步:在 D2 单元格中输入函数"=PRODUCT(B2,C2)",按"Enter"键后向下填充并计算出每种商品的销售额,结果如图 2.21 所示。

第二步:在 E2 单元格中计算出该超市全天的营业额,输入公式"=SUM(D2:D7)",按"Enter"键计算出全天的营业额,结果如图 2.22 所示。

（7）取整函数

取整函数的作用是将数据小数舍去只保留整数部分,不建议应用到财务和其他与财务有关的行业中,取整函数语法格式如下。

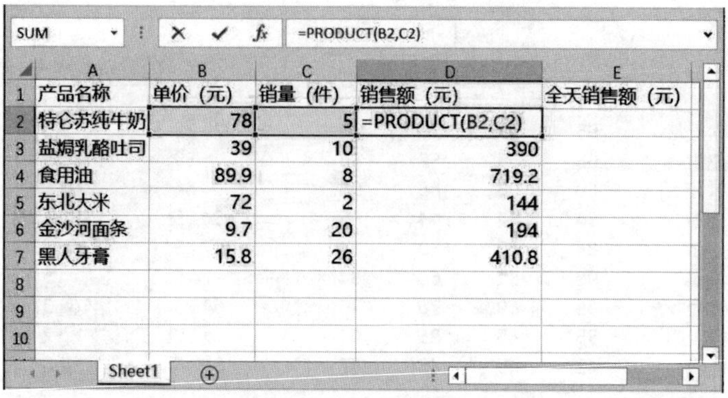

SUM　=PRODUCT(B2,C2)

	A	B	C	D	E
1	产品名称	单价（元）	销量（件）	销售额（元）	全天销售额（元）
2	特仑苏纯牛奶	78	5	=PRODUCT(B2,C2)	
3	盐焗乳酪吐司	39	10	390	
4	食用油	89.9	8	719.2	
5	东北大米	72	2	144	
6	金沙河面条	9.7	20	194	
7	黑人牙膏	15.8	26	410.8	
8					
9					
10					

Sheet1

图 2.21　每种商品的销售额

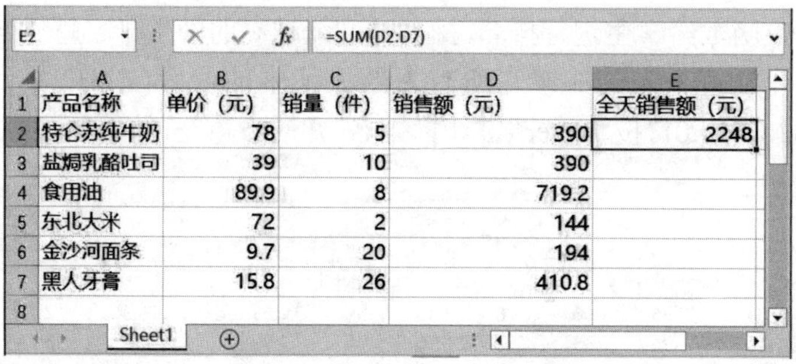

E2　=SUM(D2:D7)

	A	B	C	D	E
1	产品名称	单价（元）	销量（件）	销售额（元）	全天销售额（元）
2	特仑苏纯牛奶	78	5	390	2248
3	盐焗乳酪吐司	39	10	390	
4	食用油	89.9	8	719.2	
5	东北大米	72	2	144	
6	金沙河面条	9.7	20	194	
7	黑人牙膏	15.8	26	410.8	
8					

Sheet1

图 2.22　全天营业额

=INT(数字)

当前 Excel 表中有某设备每个月的销量，计算出每个月的平均销量要求平均销量只保留整数部分。

第一步：在 C2 单元格中输入函数“=AVERAGE(B2:B13)”后，按“Enter”键计算出每个月的平均销量，结果如图 2.23 所示。

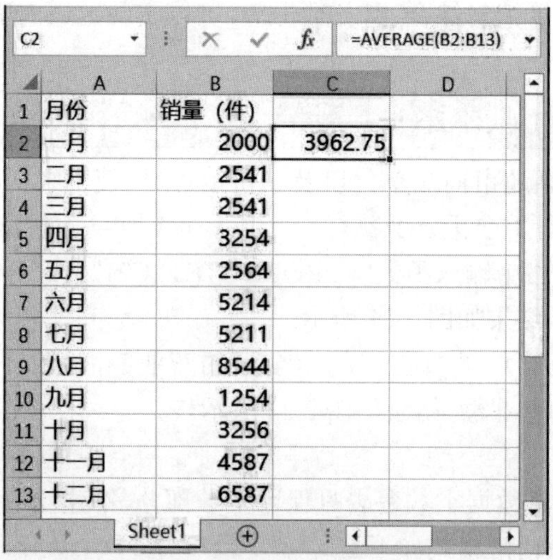

C2　=AVERAGE(B2:B13)

	A	B	C	D
1	月份	销量（件）		
2	一月	2000	3962.75	
3	二月	2541		
4	三月	2541		
5	四月	3254		
6	五月	2564		
7	六月	5214		
8	七月	5211		
9	八月	8544		
10	九月	1254		
11	十月	3256		
12	十一月	4587		
13	十二月	6587		

Sheet1

图 2.23　计算平均销量

第二步：在 D2 单元格中使用取整函数将平均销量只保留整数位，输入公式“=INT(C2)”按“Enter”键计算结果，如图 2.24 所示。

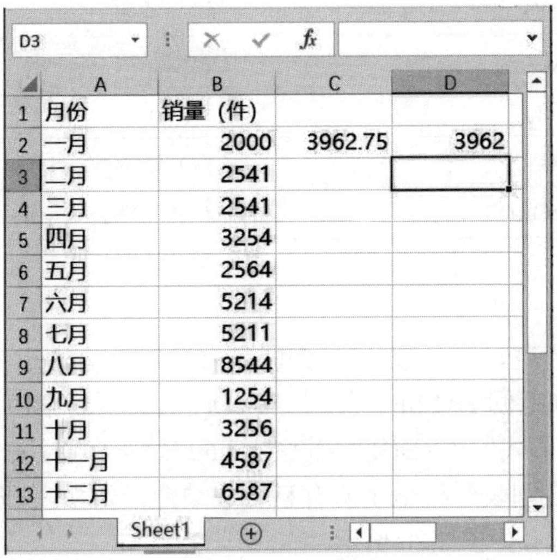
D3

	A	B	C	D
1	月份	销量（件）		
2	一月	2000	3962.75	3962
3	二月	2541		
4	三月	2541		
5	四月	3254		
6	五月	2564		
7	六月	5214		
8	七月	5211		
9	八月	8544		
10	九月	1254		
11	十月	3256		
12	十一月	4587		
13	十二月	6587		

Sheet1

图 2.24　只保留整数

上述两个步骤中分别使用了平均数函数和取整函数计算了每个月的平均销量，Excel 中还支持函数的嵌套使用，函数嵌套的计算规则是从内向外依次计算，例如上述两个步骤的公式可合并为“=INT(AVERAGE(B2:B13))”，首先计算平均数函数并将返回结果“3962.75”作为取整函数的参数，最后返回“3962”，如图 2.25 所示。

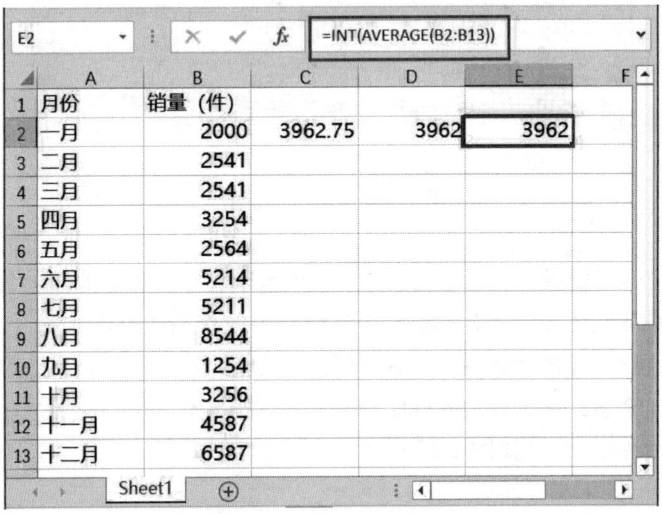
E2　=INT(AVERAGE(B2:B13))

	A	B	C	D	E	F
1	月份	销量（件）				
2	一月	2000	3962.75	3962	3962	
3	二月	2541				
4	三月	2541				
5	四月	3254				
6	五月	2564				
7	六月	5214				
8	七月	5211				
9	八月	8544				
10	九月	1254				
11	十月	3256				
12	十一月	4587				
13	十二月	6587				

Sheet1

图 2.25　函数嵌套使用

Ⅱ. 逻辑函数

逻辑函数的作用主要用来判断一个公式或一个值的真假，通常称为逻辑函数。当使用简单的函数完成数据计算后遇到计算区域内单元格不符合要求时，则可以通过逻辑判断控制 Excel 计算的执行流程。Excel 提供的常见的逻辑函数见表 2.2。

表 2.2 逻辑函数

函数	说明
=AND()	逻辑与函数
=OR()	逻辑或函数
=NOT()	逻辑非函数
=IF()	条件判断函数
=IFERROR()	捕获和处理公式错误函数

（1）=AND() 函数

=AND() 函数又称为逻辑与函数，用于判断所有逻辑表达式是否全部满足条件，如果满足条件返回 TRUE，否则返回 FALSE。使用 =AND() 函数判断学生的各科成绩是否全部及格，在 E2 单元格中输入公式“=AND(B2>=60,C2>=60,D2>=60)”，按“Enter”键并向下填充公式，如果返回值为 TRUE 则表示该学生所有科目成绩全部及格，若返回 FALSE 则表示该学生最少有一门功课不及格，如图 2.26 所示。

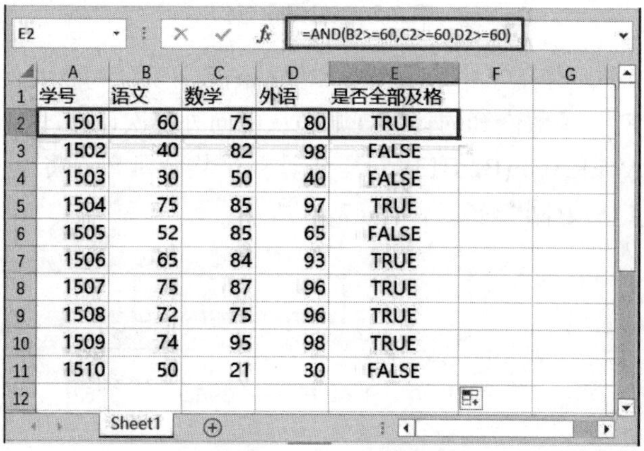
E2 =AND(B2>=60,C2>=60,D2>=60)

	A	B	C	D	E
1	学号	语文	数学	外语	是否全部及格
2	1501	60	75	80	TRUE
3	1502	40	82	98	FALSE
4	1503	30	50	40	FALSE
5	1504	75	85	97	TRUE
6	1505	52	85	65	FALSE
7	1506	65	84	93	TRUE
8	1507	75	87	96	TRUE
9	1508	72	75	96	TRUE
10	1509	74	95	98	TRUE
11	1510	50	21	30	FALSE

图 2.26 =AND() 函数

（2）=OR() 函数

=OR() 函数又称逻辑或函数，与 =AND() 函数区别在于，=AND() 函数需要条件全部为 TRUE 返回结果才为 TRUE，=OR() 函数只要有一个条件为 TRUE 则返回结果就为 TRUE。将上述案例中的 =AND() 函数改为 =OR() 函数，找到各科成绩都不合格的学生，在 F2 单元格内输入公式“=OR(B2>=60,C2>=60,D2>=60)”，按“Enter”键执行，返回值为 FALSE 的行则代表成绩全部不及格，结果如图 2.27 所示。

（3）=NOT() 函数

=NOT() 函数又称逻辑非函数或取反函数，与 =AND() 和 =OR() 函数不同，=NOT() 函数能够对条件表达式的结果进行取反操作，例如“70>60”返回结果为 TRUE，如果使用 =NOT() 函数“=NOT(70>60)”，则返回结果即为 FALSE。

（4）=IF() 函数

=IF() 函数又称条件判断函数，能够根据表达式不同的返回值进行不同的计算操作，时常会与 =AND()、=OR() 和 =NOT() 函数结合使用，=IF() 函数语法格式如下。

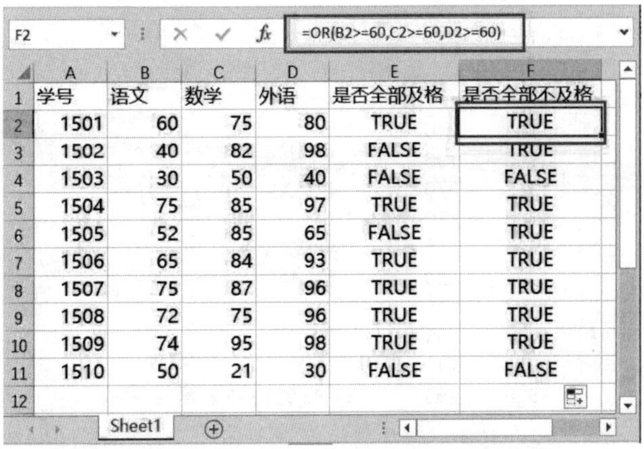
F2　=OR(B2>=60,C2>=60,D2>=60)

	A	B	C	D	E	F
1	学号	语文	数学	外语	是否全部及格	是否全部不及格
2	1501	60	75	80	TRUE	TRUE
3	1502	40	82	98	FALSE	TRUE
4	1503	30	50	40	FALSE	FALSE
5	1504	75	85	97	TRUE	TRUE
6	1505	52	85	65	FALSE	TRUE
7	1506	65	84	93	TRUE	TRUE
8	1507	75	87	96	TRUE	TRUE
9	1508	72	75	96	TRUE	TRUE
10	1509	74	95	98	TRUE	TRUE
11	1510	50	21	30	FALSE	FALSE
12						

Sheet1

图 2.27　=OR() 函数

=IF(条件，条件为真时执行，条件为假时执行)

使用 =IF() 函数将学生的成绩划分为优秀或一般两个等级，在 F2 单元格中输入函数“=IF(E2>=180," 优秀 "," 一般 ")”，按“Enter”键开始执行函数，然后纵向填充该函数，结果如图 2.28 所示。

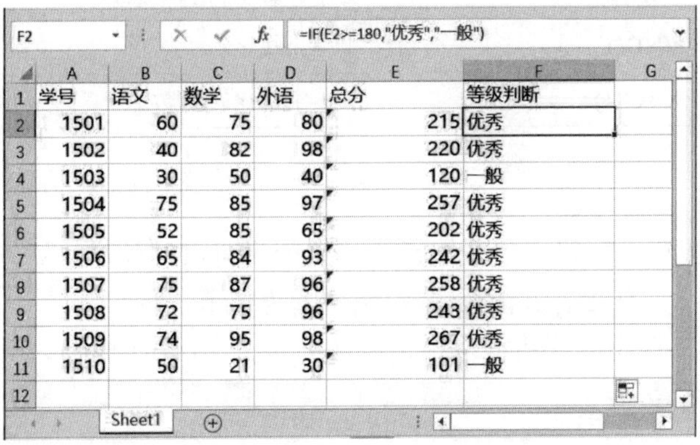
F2　=IF(E2>=180,"优秀","一般")

	A	B	C	D	E	F	G
1	学号	语文	数学	外语	总分	等级判断	
2	1501	60	75	80	215	优秀	
3	1502	40	82	98	220	优秀	
4	1503	30	50	40	120	一般	
5	1504	75	85	97	257	优秀	
6	1505	52	85	65	202	优秀	
7	1506	65	84	93	242	优秀	
8	1507	75	87	96	258	优秀	
9	1508	72	75	96	243	优秀	
10	1509	74	95	98	267	优秀	
11	1510	50	21	30	101	一般	
12							

Sheet1

图 2.28　=IF() 函数

（5）=IFERROR() 函数

=IFERROR() 函数又称捕获和处理公式错误函数，相较于 =IF() 函数功能较为简单，类似于 Java 语言中的 try…catch，=IFERROR() 能够在遇到错误时返回指定的内容，假设当前 Excel 包含学生的总成绩和考试科目数，但因为某种原因科目数列数据有缺失，因为除数不能为 0，使用除法计算单科平均成绩会报错，所以使用 =IFERROR() 函数捕获异常并在发生异常时自动填充“数据缺失”字样，在 D2 单元格中添加函数“=IFERROR(B2/C2," 数据缺失 ")”，按“Enter”键执行函数并纵向填充，结果如图 2.29 所示。

Ⅲ. 文本函数

主要对文本类型数据进行操作的函数称为文本函数，能够完成文本的截取、长度计算、合并等操作。例如，想要从身份证号中截取出生年月日信息可使用截取函数实现，常用文本函数见表 2.3。

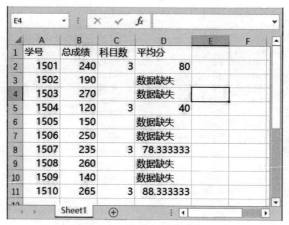

图 2.29 =IFERROR() 函数

表 2.3 文本函数

函数	说明
=LEFT()/=RIGHT()/=MID()	截取函数
=LEN()	计算字符长度函数
=FIND()	查找字符
=EXACT()	字符比较函数

（1）截取函数

截取函数用于在较长字符串中截取指定位置的字符,如截取电话号码的区号、身份证号中的出生年月和学号中的班级信息等,截取函数分为如下三种。

● =LEFT():从字符串的开头截取指定位数的字符串,语法规则如下。

=LEFT(文本,截取长度)

● =RIGHT():从字符串的末尾处开始截取指定位数的字符串,语法规则如下。

=RIGHT(文本,截取长度)

● =MID():从字符串的任意位置开始截取指定位数的字符串,相对于前两种比较灵活,语法规则如下。

=MID(文本 , 开始位 , 截取长度)

当前 Excel 表中包含一组身份证号与姓名对应的数据,分别从身份证号中获取到籍贯、出生年月和校检码,步骤如下。

第一步:获取籍贯信息,已知每个身份证号的第一到第六位分别每两位就代表了省份、城市和区县信息,使用 =LEFT() 函数获取身份证号的第一到第六位,在 C2 单元格中输入函数"=LEFT(B2,6)",然后向下填充,结果如图 2.30 所示。

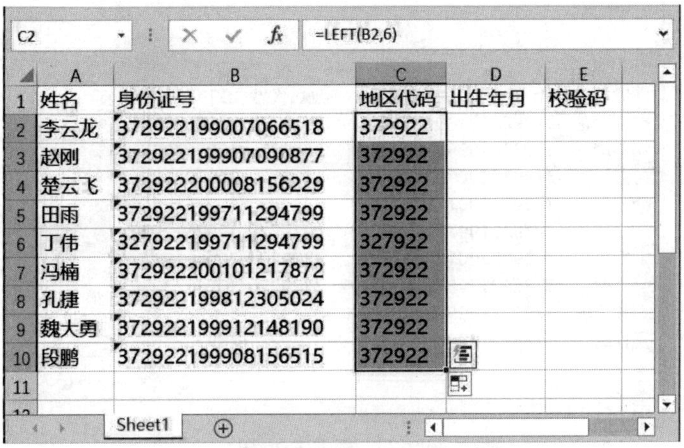

C2　=LEFT(B2,6)

	A	B	C	D	E
1	姓名	身份证号	地区代码	出生年月	校验码
2	李云龙	372922199007066518	372922		
3	赵刚	372922199907090877	372922		
4	楚云飞	372922200008156229	372922		
5	田雨	372922199711294799	372922		
6	丁伟	327922199711294799	327922		
7	冯楠	372922200101217872	372922		
8	孔捷	372922199812305024	372922		
9	魏大勇	372922199912148190	372922		
10	段鹏	372922199908156515	372922		
11					

Sheet1

图 2.30　=LEFT() 函数获取地区代码

第二步：获取出生日期，已知身份证号中的第七到第十四位代表了出生日期，使用 =MID() 函数截取身份证号中代表出生日期的部分，在 D2 单元格中输入函数“=MID(B2,7,8)”，按“Enter”键开始截取并纵向填充，结果如图 2.31 所示。

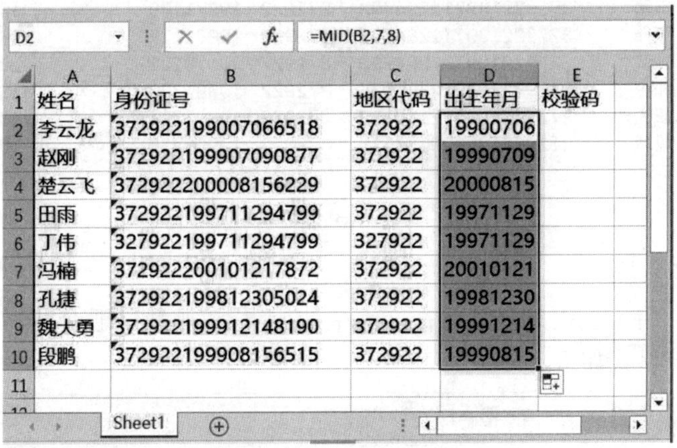

D2　=MID(B2,7,8)

	A	B	C	D	E
1	姓名	身份证号	地区代码	出生年月	校验码
2	李云龙	372922199007066518	372922	19900706	
3	赵刚	372922199907090877	372922	19990709	
4	楚云飞	372922200008156229	372922	20000815	
5	田雨	372922199711294799	372922	19971129	
6	丁伟	327922199711294799	327922	19971129	
7	冯楠	372922200101217872	372922	20010121	
8	孔捷	372922199812305024	372922	19981230	
9	魏大勇	372922199912148190	372922	19991214	
10	段鹏	372922199908156515	372922	19990815	
11					

Sheet1

图 2.31　获取出生日期

第三步：获取身份证号末尾的校检码，已知身份证号的最后一位为校检码，使用 =RIGHT() 函数获取校检码，在 E2 单元格中输入函数“=RIGHT(B2,1)”，按“Enter”键确定，然后纵向填充，结果如图 2.32 所示。

（2）字符串长度函数

字符串长度函数能够精确地确定字符串的长度，可用于判断用户输入的电话号码或账号密码等数据是否符合长度规则，字符串长度函数语法格式如下。

```
=LEN( 文本 )
```

使用 =LEN() 函数获取身份证号的长度，判断是否符合规范，在 F2 单元格中输入函数 =LEN(B2)，按“Enter”键并纵向填充，结果如图 2.33 所示。

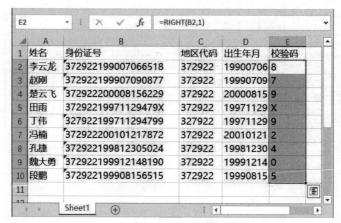

图 2.32　截取校检码

图 2.33　获取字符串长度

（3）查找字符函数

查找字符函数用于查找某个字符在文本中的位置，该函数一般会和其他函数同时使用。查找字符函数语法格式如下。

=FIND(要查找的文本 , 查找的范围 , 数值)

当前 Excel 表中有邮箱地址，需要从邮箱地址中截取邮箱账号，因为邮箱账号的长度不确定不能够单独使用字符串截取函数，一般邮箱地址中"@"符号前的即为邮箱账号，使用 =FIND() 函数确定账号的长度然后使用 =LEFT() 函数截取，在 B2 单元格中填写函数"=LEFT(A2,FIND("@",A2,1)-1)"，按"Enter"键并纵向填充，结果如图 2.34 所示。

Ⅳ . 查找与引用公式

查找与引用公式用于在一个数据信息比较多的 Excel 表中，快速检索出想要的数据信息，如在职工表中快速查找出某几个人的个人信息，常用查找与引用公式见表 2.4。

表 2.4　查找与引用公式

公式	说明
=VLOOKUP()	单条件查找公式
=INDEX(),MATCH()	双向查找公式

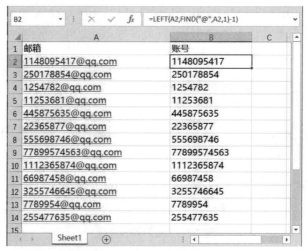

图 2.34　查找字符函数

（1）单条件查找公式

单条件查找能够在查找范围内根据条件列快速检索出查找范围内的指定列数据，单条件查找公式的语法格式如下。

> **=VLOOKUP(条件 , 查找区域 , 返回值所在的相对列数 , 匹配模式)**

匹配模式分为精确匹配和近似匹配，输入 1 为近似匹配，输入 0 为精确匹配。

当前 Excel 表中有某公司销售部门销售员的基本信息与销量数据信息，要求使用 VLOOKUP 函数快速检索任意销售员的销售量，在 E2 单元格中输入销售员的姓名（如李楠楠），然后在 F2 单元格中输入公式"=VLOOKUP(E2,A2:C7,2,0)"，按"Enter"键即可查询出李楠楠的销售量，如图 2.35 所示。

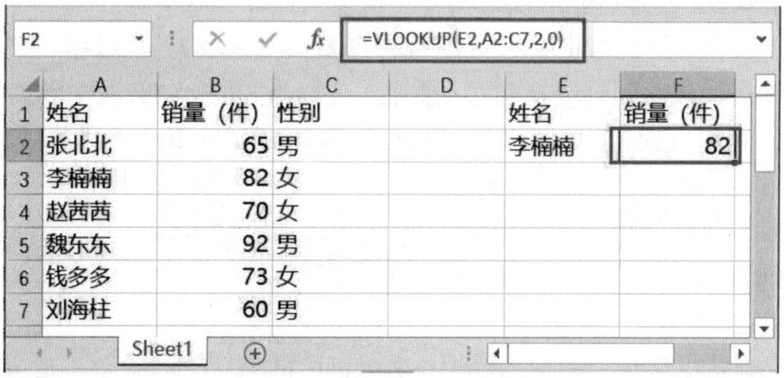

图 2.35　单条件查找公式

（2）双向查找公式

双向查找公式是一个组合的语法结构，是由 INDEX 函数和 MATCH 函数组合完成的查找功能，INDEX 函数的作用是返回指定位置的值，MATCH 函数的作用是对指定的值进行定位，函数语法格式如下。

> **=INDEX(返回值 ,MATCH(查找值 , 查找列 , 匹配模式))**

　　将上述案例中的公式改为"=INDEX(B2:B7,MATCH(E2,A2:A7,0))",按"Enter"键开始执行查找,如果需要查询其他人的销售量,只需要修改 E2 单元格内容即可,结果如图 2.36 所示。

图 2.36　双向查找公式

技能点三　Excel 数据分析技巧

1.数据透视表

　　数据透视表是一种具有大量数据的交互式数据表,能够进行指定的计算和分析,所进行的计算与数据在数据透视表中的排列有关。数据透视表能够动态地改变版面的布置,可以使用不同方式完成数据分析,其中,行号、列标和字段都可以重新排列,每次改变版面布置后,数据透视表会立即按照新版面重新计算数据。数据透视表专门针对以下用途设计:

- 友好的方式查询大量数据;
- 聚合数值数据、按类别汇总数据和创建自定义计算公式;
- 折叠数据表格、重点关注结果、详细查看重要数据区域、汇总数据详细信息;
- 可以通过将行移动到列或将列移动到行(也称为"透视")查看源数据的不同汇总;
- 通过对最有用、最有趣的一组数据执行筛选、排序、分组和条件格式设置,可以重点关注所需信息;
- 提供简明、有吸引力并且带有批注的联机报表或打印报表。

　　当前 Excel 数据表中有某公司销售部一周的商品销售汇总表,要求根据该表创建数据透视表,方法如下。

　　将光标定位到数据区域,然后依次点击菜单栏中的"插入"→"数据透视表",在弹出的对话框中选择现有工作表然后选择任意区域点击"确定"按钮,空白的数据透视表创建完成后,在工作台右侧会弹出数据透视字段设置选项,结果如图 2.37 所示。

　　勾选字段前的复选框,默认情况下会将数字值类型的字段添加到"值"区域,非数字值字段添加到"行"区域,日期时间类型的字段添加到"列"区域。该实例在默认情况下会将销售部门、姓名、产品添加到行区域,将数量添加到"值"区域,结果如图 2.38 所示。

图 2.37　创建数据透视表

图 2.38　使用默认方式创建数据透视表

2. 描述性统计

描述性统计分析的优点在于能够发现数据的内在规律,然后再进行下一步分析方法的使用。描述性统计分析要对调查总体中所有变量和数据做统计描述,主要包括频次统计、数据集中趋势分析、数据离散程度分析、数据分布和基本的统计图形,常用指标有均值、中位数、众数、方差、标准差等。

例如某电子产品店铺,正在打造店铺爆款商品,经过一段时间后将商品的销售数据汇总到了 Excel 工作表中,可是数据参差不齐,很难直观展示销量增长比例的信息,这时可以使用描述性统计方法对数据进行分析,能够得到准确的偏斜度、极差、最小值、最大值、总数等,描述统计实现步骤如下。

第一步:第一次使用描述性统计需要加载数据分析工具,依次点击"文件"→"选项"→"加载项",然后点击"转到"按钮后,勾选"分析工具库"并点击"确定"按钮,如图2.39 和图 2.40 所示。

第二步:选择菜单栏中的"数据"选项,然后点击最右侧的数据分析,在弹出的"数据分析"对话框中选择"描述统计"点击"确定"按钮,结果如图 2.41 所示。

然后设置描述统计分析方法的数据,输入区域选择 B1:E11,勾选"标志位于第一行",输出选项中选择"输出区域"并设置为 G1,勾选"汇总统计",最后点击"确定"按钮完成描述统计,结果如图 2.42 所示。

图 2.39　加载项

图 2.40　添加数据分析工具

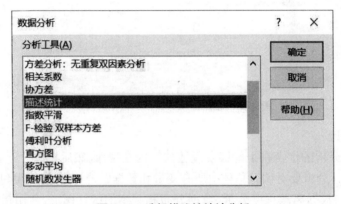

图 2.41　选择描述性统计分析

图 2.42　完成描述性统计

3. 相关系数与协方差

协方差主要反映了两个变量在变化过程中朝相同方向变化还是向相反方向变化,同方向变化协方差为正，反方向变化协方差为负，协方差的数值越大两个变量同向程度越大。

相关系数可以称之为标准化后的特殊协方差，相关系数能够反映两个量的变化是同向还是反向，它消除了两个变量变化幅度的影响，而只是单纯反应两个变量每单位变化时的相似程度。

在化学实验中经常会观察压力随温度变化的情况，在 Excel 中存在实验中获得的两组数据，分别为在相同温度下的两个容器内的压力数据，分析压力与温度的关联关系，并为在不同容器内进行同一温度条件下实验的可靠性给出依据。

第一步：依次选择“数据”→“数据分析”→“相关系数”，点击“确定”按钮，选择输入区域为 A1:C20，并勾选“标志位于第一行”，输出区域设置为 F1，结果如图 2.43 所示。

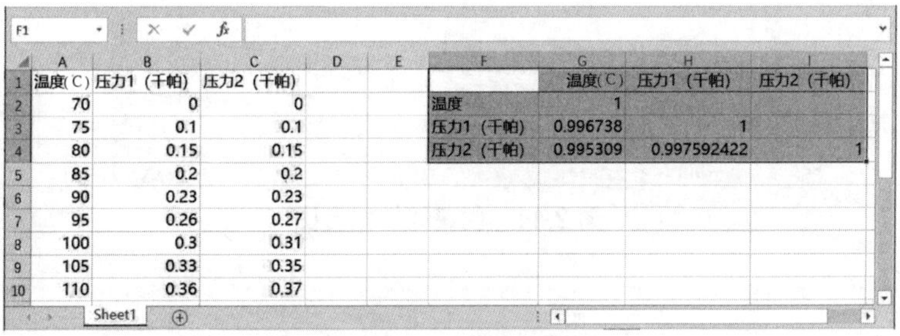

温度(C)	压力1（千帕）	压力2（千帕）
70	0	0
75	0.1	0.1
80	0.15	0.15
85	0.2	0.2
90	0.23	0.23
95	0.26	0.27
100	0.3	0.31
105	0.33	0.35
110	0.36	0.37

	温度(C)	压力1（千帕）	压力2（千帕）
温度	1		
压力1（千帕）	0.996738	1	
压力2（千帕）	0.995309	0.997592422	1

图 2.43　相关系数

从分析结果可以看出温度与压力 1 和压力 2 的相关系数分别都达到了 0.99，呈良好的正相关性，两组压力之间的相关系数也同样达到了 0.99，说明不同容器内的反应一致性良好。

4. 线性回归模型预测

线性回归模型预测是指从历史资料中寻找存在因果关系的变量，并将这种关系通过数学模型表示出来，从而达到预测未来的目的。而一般影响未来发展的因素有很多，所以在应用线性回归模型预测时必须对多种因素做全面分析。

网络产品的用户数量是运维人员最关心的指标之一，当前 Excel 表中有某平台的每天注册用户数与增长比例数据，预测在 50 个周期内用户是否还会持续增长。

依次选择“数据”→“数据分析”→“回归”点击“确定”按钮，Y 值输入区域选择 B2:B13，X 值输入区域选择 A2:A13，输出区域选择 D1，勾选“线性拟合图”，结果如图 2.44 所示。

从图 2.44 中可以看出用户量还处于明显的增长状态。

5. 移动平均模型预测

移动平均模型预测方法是使用最新的一组实际数据预测未来一个周期内的变化趋势，适用于即期预测（近期）。

移动平均法是一种平滑预测技术，能够根据时间序列逐项推移，依次计算包含一定项数的序时平均值，以反映长期趋势的方法。因此，当时间序列的数值由于受周期变动和随机波动的影响，起伏较大，不易显示事件的发展趋势时，使用移动平均法可以消除这些因素的影响，显示出事件的发展方向与趋势（即趋势线），然后依趋势线分析预测序列的长期趋势。

Excel 表中有随时间变化的压力值，分析预测未来一个周期内压力是否会突然大幅度增高或降低。依次选择“数据”→“数据分析”→“移动平移”按钮，点击“确定”按钮输入区域选择 B2:B13，间隔设置为 2，输出区域选择 D1，最后勾选“图表输出”按钮，点击“确定”按钮结果如图 2.45 所示。

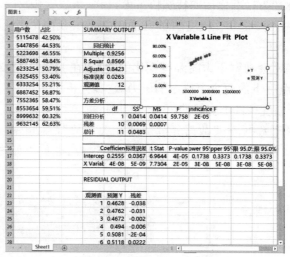

图 2.44　创建线性拟合图

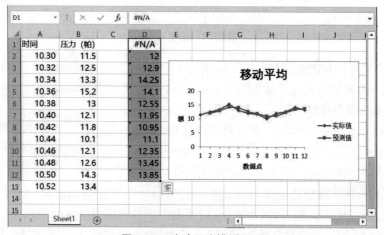

图 2.45　移动平均模型预测

从图 2.45 中可以看出未来一个周期内压力不会有明显的浮动。

技能点四　Excel 图表可视化

1.Excel 图表说明

图表是提交数据处理结果的最佳形式,通过图表,可以直观地显示出数据的众多特征,例如数据的最大值、最小值、发展变化趋势、集中程度和离散程度等都可以在图表中直接反映出来。Excel 具有很强的图表处理功能,可以方便地将工作表中的有关数据制作成专业化的图表。Excel 提供的图表类型有条形图、柱形图、折线图、散点图、股价图以及多种复合图表和三维图表等 14 种标准类型的图表和 20 种自定义类型图表,且对每种图表类型还提供了几种不同的自动套用图表格式,用户可以根据需要选择最有效的图表来展现数据。常用的图表类型及使用方法如下。

(1)柱形图

柱形图是 Excel 默认的图表类型,用长条显示数据点的值。用来显示一段时间内数据的变化或者各组数据之间的比较关系。通常横轴为分类项,纵轴为数值项。柱形图如图 2.46 所示。

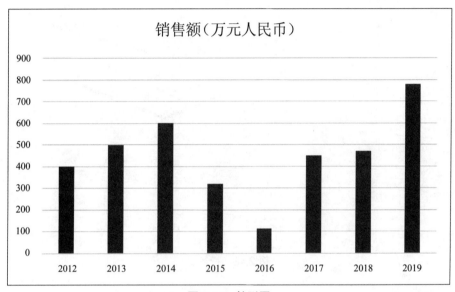

图 2.46 柱形图

(2)条形图

条形图类似于柱形图,强调各个数据项之间的差别情况。纵轴为分类项,横轴为数值项,这样可以突出数值的比较。条形图如图 2.47 所示。

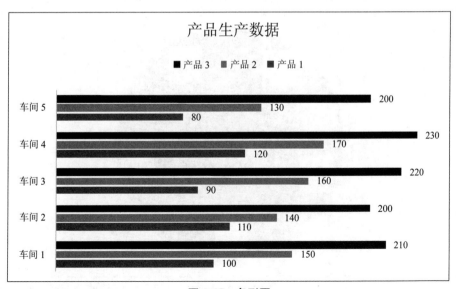

图 2.47 条形图

（3）折线图

折线图将同一系列的数据在图中表示成点并用直线连接起来,适用于显示某段时间内数据的变化及其变化趋势。折线图如图 2.48 所示。

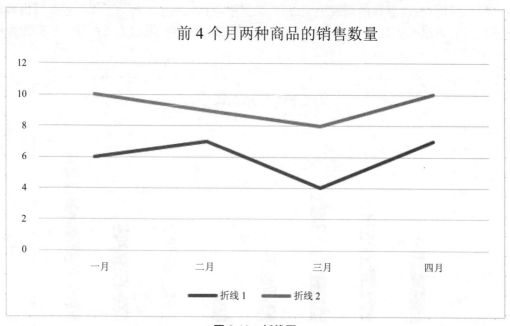

图 2.48　折线图

（4）饼图

饼图只适用于单个数据系列间各数据的比较,显示数据系列中每一项占该系列数值总和的比例关系。饼图如图 2.49 所示。

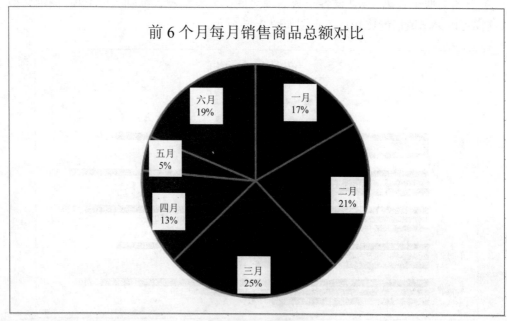

图 2.49　饼图

（5）*XY* 散点图

XY 散点图用于比较几个数据系列中的数值,也可以将两组数值显示为 *XY* 坐标系中的一个系列。它可按不等间距显示出数据,有时也称为簇,多用于科学数据分析。散点图如图 2.50 所示。

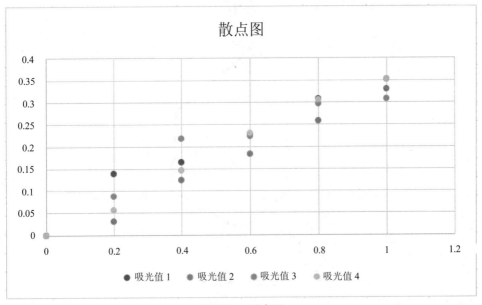

图 2.50　散点图

（6）面积图

面积图将每一系列数据用直线段连接起来,并将每条线以下的区域用不同颜色填充。面积图强调幅度随时间的变化,通过显示所绘数据的总和,说明部分和整体的关系。面积图如图 2.51 所示。

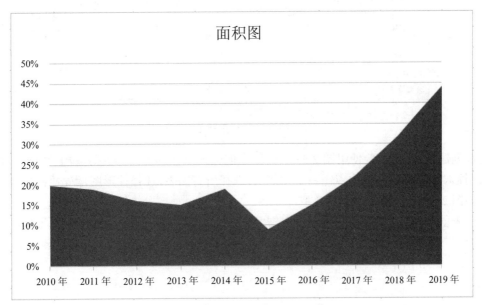

图 2.51　面积图

（7）雷达图

雷达图每个分类拥有自己的数值坐标轴，这些坐标轴由中点向四周辐射，并用折线将同一系列中的值连接起来。雷达图如图 2.52 所示。

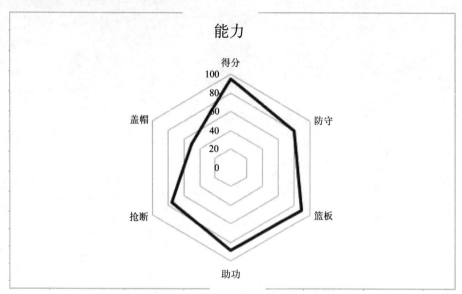

图 2.52　雷达图

2.Excel 图表应用

通过对 Excel 图表的学习，已经了解到了 Excel 中所提供的重要图表类型以及不同图表适合的应用场景，现在有一个购买水果的清单如图 2.53 所示。

	第一次（斤）	第二次（斤）
苹果	3	4
梨	2	0
葡萄	5	1
香蕉	1	1
橘子	2	4

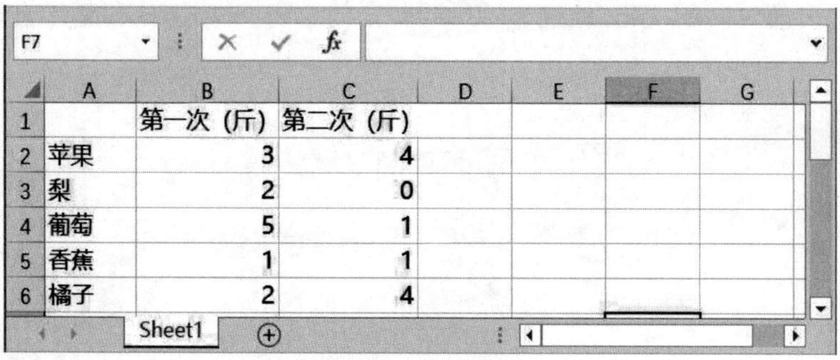

图 2.53　水果清单

以创建柱形图为例，使用图 2.53 中的数据创建一个柱形图，将光标定位到数据区域内，点击“插入”，在图标区域中点击右下角箭头，选择所有图表，选择柱形图，点击“确定”按钮，结果如图 2.54 所示。

图表创建完成后默认没有标题，双击“图表标题”字样将图表标题改为“水果采购”，点击“设计”→“图表布局”→“快速布局”，选择“布局 5”，并将生成图表中的纵坐标标题改为数量，如图 2.55 所示。

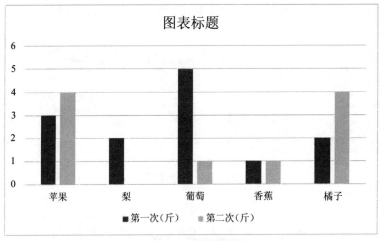

图 2.54　柱形图

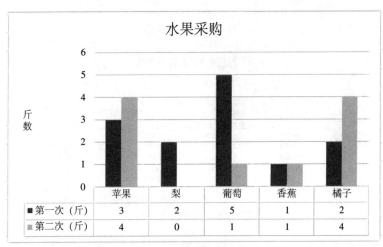

图 2.55　设置柱形图样式

通过对以上知识的学习，了解到 Excel 也是一款具有较强数据分析能力的办公软件。当前 Excel 表中有一组各部门的工资表，如图 2.56 所示。

使用 Excel 相关知识统计出各部门的实发工资总和与出勤比例并绘制对应图表，创建数据透视表，将各部门进行分组，步骤如下。

第一步：使用条件求和函数统计出各部门中每个职务的工资总和，在 L1：L4 单元格中设置求和条件为“研发部”“测试部”“产品部”，并在 M1 单元格中输入实发工资，结果如图 2.57 所示。

第二步：开始计算各部门实发工资总和，在 M2 单元格中输入公式“=SUM-

IF(A2:A11,L2:L4,J2:J11)",然向下填充到 M4 单元格,结果如图 2.58 所示。

部门	职务	基本工资（元）	职务工资（元）	加班津补（元）	奖金（元）	应发工资（元）	缺勤	缺勤扣款（元）	实发工资（元）
研发部	PHP开发工程师	6000	3000	350	200	9550	3	600	8950
研发部	测试工程师	5000	3000	350	200	8550	2	400	8150
研发部	项目经理	10000	5000	800	200	16000	0	0	16000
研发部	PHP高级工程师	12000	5000	600	200	17800	2.5	500	17300
研发部	openstack架构	15000	5000	700	200	20900	0	0	20900
测试部	测试主管	12000	4000	500	200	16700	1	200	16500
产品部	产品经理	12000	5000	500	200	17700	1.5	300	17400
产品部	产品专员	8000	2000	200	200	10400	0	0	10400
测试部	测试工程师	6000	3000	300	200	9500	0	0	9500
研发部	Java高级工程师	12000	30000	300	200	42500	3	600	41900

图 2.56　工资数据

应发工资（元）	缺勤	缺勤扣款（元）	实发工资（元）		部门	实发工资
9550	3	600	8950		研发部	
8550	2	400	8150		测试部	
16000	0	0	16000		产品部	
17800	2.5	500	17300			
20900	0	0	20900			
16700	1	200	16500			

图 2.57　设置求和条件

M4 =ROUND(SUMIF(A4:A13,L4:L6,J4:J13),0)

应发工资（元）	缺勤	缺勤扣款（元）	实发工资（元）		部门	实发工资
9550	3	600	8950		研发部	113200
8550	2	400	8150		测试部	26000
16000	0	0	16000		产品部	27800
17800	2.5	500	17300			
20900	0	0	20900			
16700	1	200	16500			

图 2.58　实发工资总和

第三步:为了能够更直观地展示各部门实发工资的情况,使用柱形图展示各部门的公司水平对比,依次点击"插入"→"图表"→"所有图表",选择柱形图,点击"确定"按钮,结果如图 2.59 所示。

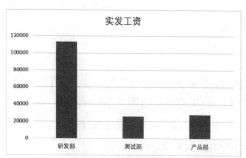

图 2.59　插入柱形图

第四步:统计全勤出勤率,使用 COUNTIF 函数分别统计出全勤人数和有缺勤现象的人数,在 O1 和 P1 单元格中分别输入"全勤人数"和"缺勤人数",然后在 O2 和 P2 单元格中分别输入公式"=COUNTIF(H2:H11,"=0")""=COUNTIF(H2:H11,">0")",结果如图 2.60 所示。

图 2.60　出勤比

第五步：以数字的方式很难明显看出人数之间的比例关系，点击"插入"→"图表"，在所有图表中选择饼图按钮，点击"确定"按钮，快速布局选择"布局 6"，图表标题设置为"全勤与缺勤比例"，结果如图 2.61 所示。

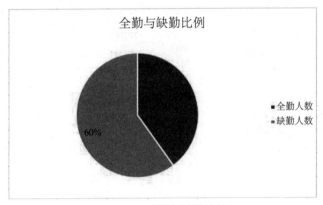

图 2.61　全勤与缺勤比例

第六步：源数据表格中的数据没有根据部门进行分组，想要查看某部门的职务薪资水平需要创建数据透视表，将光标定位到数据区域，点击"插入"→"推荐的数据透视表"，选择"求和项：实发工资……"，结果如图 2.62 所示。

行标签	求和项:实发工资	求和项:缺勤扣款	求和项:缺勤
⊟测试部	26000	200	1
测试工程师	9500	0	0
测试主管	16500	200	1
⊟产品部	27800	300	1.5
产品经理	17400	300	1.5
产品专员	10400	0	0
⊟研发部	113200	2100	10.5
Java高级工程师	41900	600	3
openstack架构师	20900	0	0
PHP高级工程师	17300	500	2.5
PHP开发工程师	8950	600	3
测试工程师	8150	400	2
项目经理	16000	0	0
总计	167000	2600	13

图 2.62　数据透视表

本项目通过实现 Excel 工资考勤数据分析项目，对 Excel 软件中的函数和可视化等有了了解，包括数据透视表、线性回归模型、描述性统计等，并通过对 Excel 数据分析的学习，实现了工资考勤数据的分析。

sum	总和	round	圆
average	平均	rank	等级
find	查找	match	匹配
count	计数	if	如果

1. 选择题

（1）Excel 中不包含哪种引用方式（　　）。

A. 相对引用　　　　B. 动态引用　　　　C. 绝对引用　　　　D. 混合引用

（2）将单元格的公式复制到其他单元格时，行或列的引用就会随之改变的引用方式为（　　）。

A. 混合引用　　　　B. 绝对引用　　　　C. 相对引用　　　　D. 动态引用

（3）下列选项中为绝对引用的是（　　）。

A.A$1　　　　　　B.$A1　　　　　　C.A1　　　　　　D.A1

（4）下列函数中用于四舍五入的函数是（　　）。

A.white　　　　　B.=RANK()　　　　C.=PRODUCT()　　　D.=ROUND()

（5）协方差主要反映了两个变量在变化过程中朝相同方向变化还是向相反方向变化，如果为同方向变化则（　　）。

A. 方差为正　　　　B. 方差为负　　　　C. 不确定　　　　D. 协方差为零

2. 简答题

（1）什么是相关系数？

（2）什么是数据透视表？简述数据透视表的功能。

项目三　NumPy 数学运算库

通过对 NumPy 科学计算库的学习,了解 NumPy 科学计算的相关概念,熟悉 NumPy 位运算函数使用,掌握数学函数与统计函数的应用,具有使用 NumPy 科学计算库知识实现学生信息统计的能力,在任务实现过程中:

- 了解 NumPy 科学计算的相关知识;
- 熟悉 NumPy 位运算函数使用;
- 掌握数学函数和统计函数的应用;
- 具有实现学生信息统计的能力。

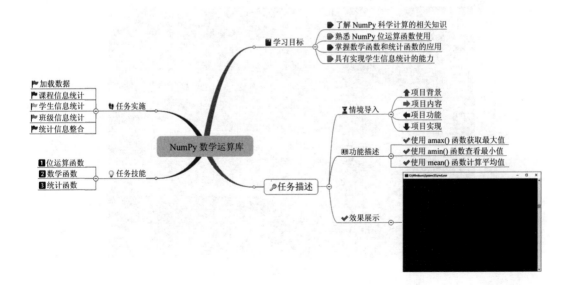

【情境导入】

使用 Python 进行数据统计分析时，NumPy 是一切数据统计分析模块的基石，可以说没有 NumPy 模块就没有 Python 的数据统计分析，NumPy 模块封装了多个用于数据统计的函数方法，如算术函数、最大最小值函数、平均值函数等，只需传入需要被计算的数据，通过相关的计算方法即可获取计算结果，而不需要通过代码进行计算过程的实现，省略计算过程，提高工作效率。本项目通过对 NumPy 科学计算库统计分析相关知识的讲解，最终完成学生信息的统计。

【功能描述】

● 使用 amax() 函数获取最大值。
● 使用 amin() 函数查看最小值。
● 使用 mean() 函数计算平均值。

【效果展示】

通过对本项目的学习，能够使用 NumPy 提供的最大最小值、平均值、中位数等统计函数，完成学生信息的统计。效果如图 3.1 所示。

```
C:\Windows\System32\cmd.exe                                    —    □    ×

C:\Users\liu\Desktop\python>python student.py
学生信息一览表
[['ID' 'Name' 'Math' 'Bigdata' 'stu_Partial' 'stu_total_Grade'
  'stu_average_Grade']
 ['1001' '李正明' '91' '90' '181' '1' '90.5']
 ['1002' '王一磊' '96' '94' '190' '2' '95.0']
 ['1003' '陈志华' '94' '100' '194' '6' '97.0']
 ['1004' '张永丽' '100' '99' '199' '1' '99.5']
 ['1005' '赵信' '100' '90' '190' '10' '95.0']
 ['1006' '古明远' '94' '94' '188' '0' '94.0']
 ['1007' '刘浩明' '80' '100' '180' '20' '90.0']
 ['1008' '沈彬' '90' '93' '183' '3' '91.5']
 ['1009' '李子琪' '94' '89' '183' '5' '91.5']
 ['1010' '王嘉栋' '84' '78' '162' '6' '81.0']
 ['1011' '柳梦文' '86' '91' '177' '5' '88.5']
 ['1012' '钱多多' '79' '84' '163' '5' '81.5']]


课程信息一览表
[['column_name' 'Math' 'Bigdata']
 ['Course_highest_Grade' '100.0' '100.0']
 ['Course_lowest_Grade' '79.0' '78.0']
 ['Course_medium_Grade' '92.5' '92.0']
 ['Course_average_Grade' '90.66666666666667' '91.83333333333333']]
```

图 3.1　效果图

技能点一　　位运算函数

在现代计算机中，所有的数据都是以 0、1 组合的二进制形式被设备所存储，而位运算函数就是针对二进制进行操作的函数，如位与、位或、取反、左移、右移等。

1. 位与

位与运算能够对数组的各个元素执行转换二进制操作后进行位与运算，相同位的两个数字都为 1，则为 1，若有一个不为 1，则为 0，之后将运算结果再转换为原数据格式。NumPy 提供一个 bitwise_and() 函数进行按位与运算，在使用时接收两个参数，即要进行位与操作的两个元素。另外，也可通过"&"符号进行按位与运算。下面对两个数执行位与运算，代码 CORE0301 如下所示。

```
代码 CORE0301

import numpy as np
# 二进制形式
print ('15 和 10 的二进制形式:')
a, b = 15, 10
print (bin(a), bin(b))
#bitwise_and 函数使用
print ('bitwise_and 函数实现 15 和 10 的位与:')
print (np.bitwise_and(15, 10))
#& 符号使用
print ('& 实现 15 和 10 的位与:')
print (15 & 10)
```

效果如图 3.2 所示。

图 3.2　位与运算

2. 位或

位或运算与位与的运算基本相同,只是在进行二进制按位运算时,相同位只要一个为 1 即为 1,其余情况为 0。在 NumPy 中,提供 bitwise_or() 函数和"|"符号两种方式进行按位或运算,其中, bitwise_or() 函数使用方式和参数与 bitwise_and() 函数相同。使用 bitwise_or() 函数和"|"符号进行按位或运算,代码 CORE0302 如下所示。

代码 CORE0302

```
import numpy as np
# 二进制形式
print ('15 和 10 的二进制形式:')
a, b = 15, 10
print (bin(a), bin(b))
#bitwise_or 函数使用
print ('bitwise_or 函数实现 15 和 10 的位或:')
print (np.bitwise_or(15, 10))
#| 符号使用
print ('| 实现 15 和 10 的位或:')
print (15 | 10)
```

效果如图 3.3 所示。

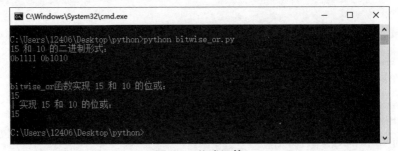

图 3.3　位或运算

3. 取反

取反同样是位运算的一种,能够将二进制中的 0 和 1 进行调换,即 0 变成 1, 1 变成 0,对于有符号整数来说,在进行取反时,会在取反后加 1。NumPy 中包含 invert() 函数和"~"符号两种取反操作的实现方式,其中,invert() 函数的参数说明见表 3.1,

表 3.1　invert() 函数的参数说明

参数	描述
x	原数据
out	结果存储的位置
order	内存布局

续表

参数	描述
dtype	指定操作后的数据类型
subok	是否创建新数字进行子类类型的使用

使用 invert() 函数和"~"符号进行取反运算,代码 CORE0303 如下所示。

代码 CORE0303
| ```python
import numpy as np
# 二进制形式
print ('15 的二进制形式:')
a = 15
print (bin(a))
# invert 函数使用
print ('invert 函数实现 15 取反:')
print (np.invert(np.array(15,dtype = np.uint8)))
#  ~ 符号使用
print ('~ 实现 15 取反:')
print (~np.array(15,dtype = np.uint8))
``` |

效果如图 3.4 所示。

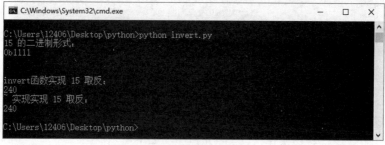

图 3.4 取反运算

4. 左移

left_shift() 是 NumPy 中用于实现左移操作的函数,在使用时,可以将二进制形式的数组元素向指定位置进行左移,而右侧则使用 0 进行填充,left_shift() 函数的参数说明见表 3.2,

表 3.2 left_shift() 函数的参数说明

参数	描述
x1	原数据
x2	移动的位数
out	结果存储的位置
```

参数	描述
dtype	指定操作后的数据类型

使用 left_shift() 函数进行左移操作,代码 CORE0304 如下所示。

代码 CORE0304
import numpy as np # 二进制形式 print ('15 的二进制形式:') a = 15 print (bin(a)) # 函数使用 print (' 将 15 左移两位:') print (np.left_shift(15,2))

效果如图 3.5 所示。

图 3.5　左移运算

5. 右移

右移与左移类似,可以向指定位置进行右移,右移几个位置就在左侧相应地补几个 0。NumPy 中可以使用 right_shift() 函数实现,接收参数与 left_shift() 函数的参数基本相同。使用 right_shift() 函数进行右移操作,代码 CORE0305 如下所示。

代码 CORE0305
import numpy as np # 二进制形式 print ('60 的二进制形式:') a = 60 print (bin(a)) # 函数使用 print (' 将 60 右移两位:') print (np.right_shift(60,2))

效果如图 3.6 所示。

图 3.6　右移运算

技能点二　数学函数

1. 算术函数

算术函数是数学计算中最常用也是最简单的一种函数,能够对多个元素不同且形状相同的数组进行加、减、乘、除等操作,具体操作方法见表 3.3。

表 3.3　常用算术函数

函数	描述
add()、+	两个数组之间进行加法运算
subtract()、-	两个数组之间进行减法运算
multiply()、*	两个数组之间进行乘法运算
divide()、/	两个数组之间进行除法运算,但需要注意的是除数不能为 0
reciprocal()	返回数组中各个元素的倒数
power()、**	以数组各个元素为底数,进行元素幂的计算
mod()	计算不同数组相应元素相除后的余数
sqrt()	进行数组中元素的开方计算

其中,add()、subtract()、multiply()、divide() 和 mod() 五个函数在使用时基本相同,都接收两个参数,并且这两个参数都为数组。使用 add()、subtract()、multiply()、divide()、mod() 函数进行数组之间的相关运算,代码 CORE0306 如下所示。

```
代码 CORE0306

import numpy as np
# 第一个数组
a =np.array([
    [1,2,3],
    [4,5,6],
    [7,8,9],
```

```
])
# 第二个数组
b = np.array([3,3,3])
# 两个数组相加
print (np.add(a,b))
# 两个数组相减
print (np.subtract(a,b))
# 两个数组相乘
print (np.multiply(a,b))
# 两个数组相除
print (np.divide(a,b))
# 相应元素相除后的余数
print (np.mod(a,b))
```

效果如图 3.7 所示。

图 3.7 数组之间相关运算

而 reciprocal()、sqrt() 函数只需传入需要求取倒数或需要开方计算的原数组即可，power() 函数则同样接收两个参数，第一个参数为原数组，第二个参数为求取幂的指数，可以是具体数值，也可以是一个数组。使用 reciprocal() 函数、sqrt() 函数和 power() 函数进行数组元素的计算，代码 CORE0307 如下所示。

代码 CORE0307

```python
import numpy as np
# 数组
a =np.array([
    [1,2,3],
    [4,5,6],
    [7,8,9],
])
print (a)
#reciprocal 函数计算倒数
print (np.reciprocal(a))
# sqrt 函数开方计算
print (np.sqrt(a))
# power 函数数组的 2 次幂
print (np.power(a,2))
# 第二个数组
b = a
print (b)
# power 函数相应元素幂计算
print (np.power(a,b))
```

效果如图 3.8 所示。

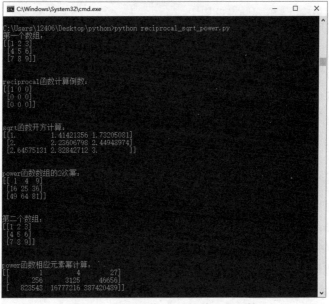

图 3.8　倒数运算、开方运算和幂运算

2. 三角函数

三角函数同样是数学中经常会用到的函数,包括自变量(角度)和因变量(角度对应任意角终边与单位圆交点坐标或其比值)。在 NumPy 中,常见的三角函数有正弦函数、余弦函数和正切函数等,但需要注意的是,在使用函数时需要通过乘 pi/180 的形式将角度值转化为弧度,常用三角函数见表 3.4。

表 3.4　常用三角函数

函数	描述
sin()	计算正弦值
cos()	计算余弦值
tan()	计算正切值
arcsin()	计算反正弦值
arccos()	计算反余弦值
arctan()	计算反正切值

其中,sin()、cos()、tan() 三个函数不管是使用方式还是接收参数都基本相同,能够接收一个元素全为弧度的数组。分别使用 sin()、cos()、tan() 函数求取正弦值、余弦值和正切值,代码 CORE0308 如下所示。

```
代码 CORE0308

import numpy as np
# 定义数组
a = np.array([0,15,30, 45, 60,75, 90])
# 弧度转化
a = a * np.pi / 180
# 正弦值
print (np.sin(a))
# 余弦值
print (np.cos(a))
# 正切值
print (np.tan(a))
```

效果如图 3.9 所示。

arcsin()、arccos()、arctan() 函数与 sin()、cos()、tan() 一一对应,主要用于将 sin()、cos()、tan() 函数得到的相关值还原。使用 arcsin()、arccos()、arctan() 实现反正弦值、反余弦值和反正切值,代码 CORE0309 如下所示。

```
代码 CORE0309

import numpy as np
```

```
# 定义数组
a = np.array([0,15,30, 45, 60,75, 90])
# 弧度转化
a = a * np.pi / 180
# 正弦值
sin=np.sin(a)
print (sin)
# 计算角度的反正弦,返回值以弧度为单位
arcsin = np.arcsin(sin)
print (arcsin)


# 余弦值
cos=np.cos(a)
print (cos)
# 计算角度的反余弦,返回值以弧度为单位
arccos = np.arccos(cos)
print (arccos)


# 正切值
tan = np.tan(a)
print (tan)
# 计算角度的反正切,返回值以弧度为单位
arctan = np.arctan(tan)
print (arctan)
```

效果如图 3.10 所示。

3. 舍入与取整函数

在项目开发时,小数的位数经常需要调整,NumPy 中提供了多个舍入与取整函数解决该问题,常用舍入与取整函数见表 3.5。

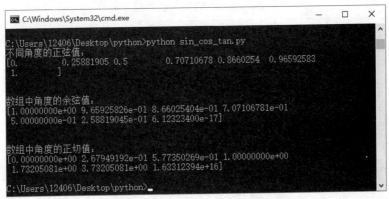

图 3.9 获取正弦值、余弦值和正切值

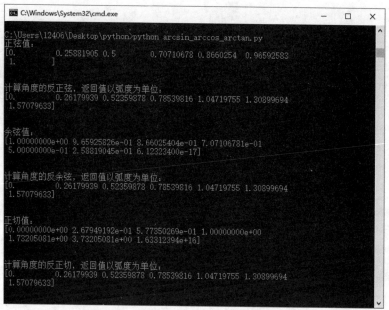

图 3.10　反正弦值、反余弦值和反正切值

表 3.5　常用舍入与取整函数

函数	描述
around()	四舍五入取值
ceil()	向上取整取值
floor()	向下取整取值

（1）around() 函数

around() 函数主要用于实现小数的四舍五入取值,即当获取数位的下一位小于或等于 4 时,则直接舍去后面的内容,当获取数位的下一位大于 4 时,则获取数的最后一位加 1。around() 函数的参数说明见表 3.6。

表 3.6　around() 函数的参数说明

参数	描述
a	元素所在的数组
decimals	保留小数点后的位数,默认为 0,当值为负数时,则对小数点左边的位数进行近似操作
out	用于保存返回的结果

使用 around() 函数对数组元素执行近似操作,代码 CORE0310 如下所示。

代码 CORE0310
import numpy as np

```
# 原数组
a = np.array([111.5123, 5.425, 123, 0.567, 56.987])
# decimals 为 0 舍入
print (np.around(a))
# decimals 为 1 舍入
print (np.around(a, decimals=1))
# decimals 为 -1 舍入
print (np.around(a, decimals=-1))
```

效果如图 3.11 所示。

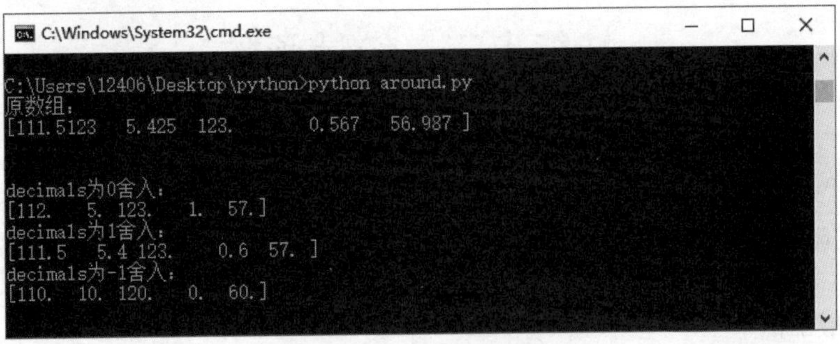

图 3.11　四舍五入取值

（2）ceil()、floor() 函数

ceil()、floor() 函数不同于 around() 函数的四舍五入取值，可以获取任意数位的数值，ceil()、floor() 函数主要用于实现数组元素中小数的取整，使用时只需提供需要调整的数组即可。其中，ceil() 函数能够实现小数的向上取整，即获取大于该数的最近的整数；floor() 函数则用于向下取整，获取小于该数的最近的整数。使用 ceil()、floor() 函数对数组元素执行取整操作，代码 CORE0311 如下所示。

代码 CORE0311

```
import numpy as np
# 原数组
a = np.array([111.5123, 5.425, 123, 0.567, 56.987])
# 向上取整
print (np.ceil(a))
# 向下取整
print (np.floor(a))
```

效果如图 3.12 所示。

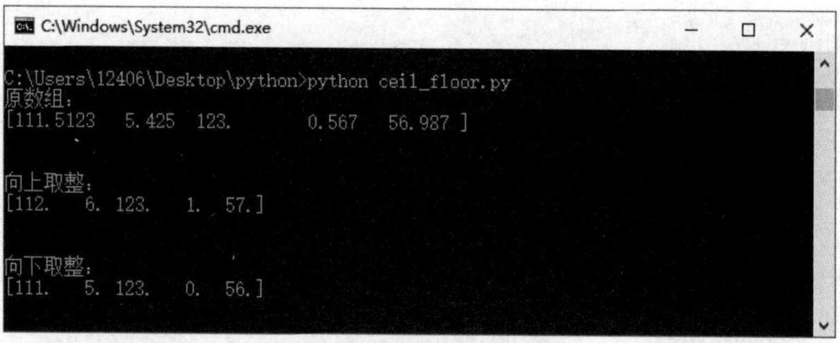

图 3.12 向上、向下取整

技能点三 统计函数

在 NumPy 中,不仅有位运算函数、算术函数、三角函数等,还存在一种用于数据统计的函数,即统计函数,能够对数组中的元素进行最小元素、最大元素、平均数、标准差、方差等信息的计算。

1. 最大最小值

NumPy 中,关于最大最小值的相关操作根据数组形状的不同,提供多种操作函数,如最大值获取、按行最小值获取、数组之间最大值获取、最大值与最小值差的获取等,常用的操作函数见表 3.7。

表 3.7 常用的最大最小值函数

函数	描述
amax(), max()	数组中的元素沿指定轴的最大值
amin(), min()	数组中的元素沿指定轴的最小值
maximum()	接收两个数组,返回一一对应的最大值
minimum()	接收两个数组,返回一一对应的最小值
ptp()	最大值与最小值的差

（1）amax()、amin() 函数

amax()、amin() 函数是一对功能相反的函数,主要用于获取数组中最大或最小的元素。其中,amax() 函数用于获取最大元素,可用 max() 函数代替;amin() 函数用于获取最小元素,可用 min() 函数代替。另外,还可以通过设置 amax()、amin() 函数的参数进行指定轴最大、最小元素的获取,amax()、amin() 函数的常用参数见表 3.8。

表 3.8　amax()、amin() 函数的常用参数

参数	描述
a	数组
axis	指定轴，默认为 None，从全部元素获取。当值为 0 时，按列获取；当值为 1 时，按行获取。在使用时，参数名称可省略。

使用 amax()、amin() 函数进行数组中最大和最小元素的获取，代码 CORE0312 如下所示。

代码 CORE0312

```
import numpy as np
# 原数组
a = np.array([
    [3, 5, 2],
    [6, 7, 4],
    [1, 9, 8]
])
# 获取所有元素中的最大值
print (np.amax(a))
# 按列获取最大值
print (np.amax(a,0))
# 按行获取最大值
print (np.amax(a, axis=1))
# 获取所有元素中的最小值
print (np.amin(a))
# 按列获取最小值
print (np.amin(a, 0))
# 按行获取最小值
print (np.amin(a, axis=1))
```

效果如图 3.13 所示。

（2）maximum()、minimum() 函数

maximum()、minimum() 函数同样是一对功能相反的函数，同样用于最大、最小值的获取，但与 amax()、amin() 不同的是，maximum()、minimum() 用于两个数组之间对应元素的对比进行直接求值，不会涉及行或列的设置。maximum()、minimum() 主要接收两个参数，即需要进行取值的两个数组。使用 maximum()、minimum() 函数进行数组之间最大和最小元素的获取，代码 CORE0313 如下所示。

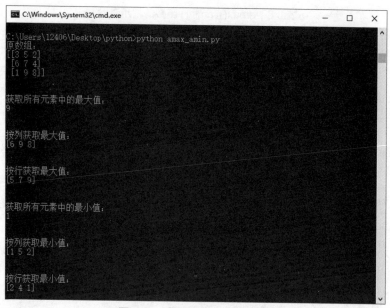

图 3.13　最大和最小元素获取

代码 CORE0313

```
import numpy as np
# 原数组 a
a = np.array([
    [3, 5, 2],
    [6, 7, 4],
    [1, 9, 8]
])
# 原数组 b
b = np.array([
    [1, 2, 3],
    [4, 5, 6],
    [7, 8, 9]
])
# 获取最大值
print (np.maximum(a,b))
# 获取最小值
print (np.minimum(a,b))
```

效果如图 3.14 所示。

（3）ptp() 函数

ptp() 函数与以上的几个函数有很大的不同，ptp() 函数并不是用来获取最大、最小值的，而是用来实现最大、最小值之间差值的获取，不再需要获取完最大、最小值后进行减法操作，使用简单,效率高, ptp() 函数根据数组维度的不同,同样有着相关的设置参数,常用参数见表 3.9。

图 3.14 数组间最大和最小元素获取

表 3.9 ptp() 函数的常用参数

参数	描述
a	数组
axis	指定轴,默认为 None,从全部元素获取。当值为 0 时,按列获取;当值为 1 时,按行获取。在使用时,参数名称可省略。

使用 ptp() 函数进行数组元素最大与最小值之间差值的获取,代码 CORE0314 如下所示。

代码 CORE0314

```
import numpy as np
# 原数组 a
a = np.array([
    [3, 5, 2],
    [6, 7, 4],
    [1, 9, 8]
])
print (a)
# 针对所有元素获取差值
print (np.ptp(a))
# 按列获取差值
```

```
print (np.ptp(a,0))
＃按行获取差值
print (np.ptp(a,axis=1))
```

效果如图 3.15 所示。

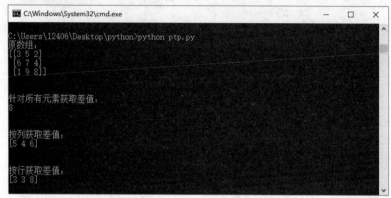

图 3.15　最大与最小值之间差值的获取

2. 求和与乘积

求和与乘积的操作同样是 NumPy 统计分析常用的方法之一,能够对数据进行宏观的分析,常用求和与乘积函数见表 3.10。

表 3.10　常用求和与乘积函数

函数	描述
sum()	求和
cumsum()	累积的和
prod()	乘积
cumprod()	累积的乘积

（1）sum()、cumsum() 函数

sum()、cumsum() 函数主要用于实现数组元素的求和操作,不同的是 sum() 函数用于简单的求和,通过指定轴可以沿轴进行求和,即将指定方向所有的元素值相加；cumsum() 函数则用于和的累积,按照顺序层层累加,也可沿指定轴进行累加求和,以前一个元素的值作为第一个加数层层相加。sum()、cumsum() 函数的参数相同,常用参数见表 3.11。

表 3.11　sum()、cumsum() 函数的常用参数

参数	描述
a	数组
axis	指定轴,默认为 None,所有元素相加或累积相加。当值为 0 时,按列方向相加或累积相加；当值为 1 时,按行方向相加或累积相加。在使用时,参数名称可省略

参数	描述
dtype	设置返回结果的元素类型

使用 sum()、cumsum() 函数进行数组元素的求和操作,代码 CORE0315 如下所示。

代码 CORE0315

import numpy as np
# 原数组 	
a = np.array([
   [1, 2, 3],
   [4, 5, 6],
   [7, 8, 9]
])
print (a)
# 针对所有元素求和 	
print (np.sum(a))
# 按列求和 	
print (np.sum(a,axis=0))
# 按行求和 	
print (np.sum(a,axis=1))
# 针对所有元素累积求和 	
print (np.cumsum(a))
# 按列累积求和 	
print (np.cumsum(a,axis=0))
# 按行累积求和 	
print (np.cumsum(a,axis=1))

效果如图 3.16 所示。

(2)prod()、cumprod() 函数

prod()、cumprod() 函数与 sum()、cumsum() 函数一一对应,包含的参数也相同,只是部分参数代表的意义不同,并且,prod() 用于元素简单相乘,而 cumsum() 函数则用于累积相乘,prod()、cumprod() 函数的常用参数见表 3.12。

表 3.12 prod()、cumprod() 函数的常用参数

参数	描述
a	数组
axis	指定轴,默认为 None,所有元素相乘或累积相乘。当值为 0 时,按列方向相乘或累积相乘;当值为 1 时,按行方向相乘或累积相乘。在使用时,参数名称可省略

参数	描述
dtype	设置返回结果的元素类型

图 3.16　数组元素求和操作

使用 prod()、cumprod() 函数进行数组元素的乘积操作，代码 CORE0316 如下所示。

代码 CORE0316

```
import numpy as np
# 原数组
a = np.array([
    [1, 2, 3],
    [4, 5, 6],
    [7, 8, 9]
])
print (a)
# 针对所有元素乘积
print (np.prod(a))
# 按列乘积
print (np.prod(a,axis=0))
# 按行乘积
```

```
print (np.prod(a,axis=1))
# 针对所有元素累积乘积
print (np.cumprod(a))
# 按列累积乘积
print (np.cumprod(a,axis=0))
# 按行累积乘积
print (np.cumprod(a,axis=1))
```

效果如图 3.17 所示。

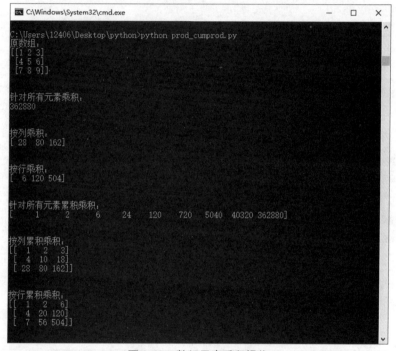

图 3.17　数组元素乘积操作

3. 平均值

平均值可以分为算术平均值、几何平均值、平方平均值、调和平均值、加权平均值等，NumPy 并没有针对所有分类提供支持，而是有取舍地选取使用频率较高的算术平均值和加权平均值提供了实现函数。

（1）算术平均值

算术平均值，简称均值，是使用最多的均值计算方式，可以通过 NumPy 的 mean() 函数实现，通过指定轴的方向，能够沿指定方向进行均值计算，即沿轴的元素的总和除以元素的数量。mean() 函数的常用参数见表 3.13。

表 3.13　mean() 函数的常用参数

参数	描述
a	数组
axis	指定轴,默认为 None,对所有元素求均值,返回一个实数。当值为 0 时,对各列求均值;当值为 1 时,对各行求均值。在使用时,参数名称可省略

使用 mean() 函数进行数组元素算术平均值的计算,代码 CORE0317 如下所示。

代码 CORE0317

```
import numpy as np
# 原数组
a = np.array([
    [3, 5, 2],
    [6, 7, 4],
    [1, 9, 8],
])
print (a)
# 对所有元素求均值
print (np.mean(a))
# 对各列求均值
print (np.mean(a,0))
# 对各行求均值
print (np.mean(a,axis=1))
```

效果如图 3.18 所示。

图 3.18　算术平均值计算

(2)加权平均值

NumPy 中使用 average() 函数结合给出的自定义权重数组实现加权平均值的计算,该函数在使用时需要指定权重参数,当不使用该参数时,average() 函数计算效果与 mean() 函数相同，average() 函数的常用参数见表 3.14。

表 3.14　average() 函数的常用参数

参数	描述
a	数组
axis	指定轴，默认为 None，对所有元素求均值，返回一个实数。当值为 0 时，对各列求均值；当值为 1 时，对各行求均值
weights	与给定数组相关联权重的数组，当权重数组与给定数组形状不同时，必须使用 axis 参数
returned	默认值为 false，当值为 true 时，获取权重的和

使用 average() 函数进行数组元素加权平均值的计算，代码 CORE0318 如下所示。

代码 CORE0318

```
import numpy as np
# 原数组
a = np.array([
    [3, 5, 2],
    [6, 7, 4],
    [1, 9, 8]
])
print (a)
# 不指定权重，对所有元素求加权平均值
print (np.average(a))
# 定义权重数组
weights=np.array([
    [3, 5, 2],
    [6, 7, 4],
    [1, 9, 8]
])
# 指定权重数组，且与原数组形状相同，求加权平均值
print (np.average(a,weights=weights))
# 定义权重数组
weights1=np.array([1,3,2])
# 指定权重，但与原数组形状不相同，对各列求加权平均值
print (np.average(a,axis=0,weights=weights1))
# 指定权重，但与原数组形状不相同，对各行求加权平均值
print (np.average(a,axis=1,weights=weights1))
# 指定权重，但与原数组形状不相同，获取加权平均值以及权重的和
```

```
print (np.average(a,axis=1,weights=weights1,returned=True))
```

效果如图 3.19 所示。

图 3.19　加权平均值计算

4. 方差与标准差

方差用于表示每个元素与所有元素的平均数值之差平方值的算术平均值,其计算方式有两种,一种是通过不同函数的组合实现的,计算公式如下。

```
import numpy as np
variance = np.mean(np.power((x - np.mean(x)),2))
```

另一种是使用 NumPy 提供的 var() 函数实现,相对于公式方式, var() 函数使用比较简单,只需在函数中加入被计算的数组即可。分别使用计算公式和函数进行数组方差的计算,代码 CORE0319 如下所示。

```
代码 CORE0319
import numpy as np
# 数组
a =np.array([
    [1,2,3],
    [4,5,6],
    [7,8,9],
])
print (a)
# 公式计算方差
print (np.mean(np.power((a - np.mean(a)),2)))
# var() 函数计算方差
print (np.var(a))
```

效果如图 3.20 所示。

图 3.20　方差计算

标准差是方差的平方根，主要用于表示数据分布程度，同样可以通过不同函数的组合实现，计算公式如下所示。

```
import numpy as np
standardDeviation = np.sqrt(np.mean(np.power((x - np.mean(x)),2)))
```

也可通过 Numpy 提供的 std() 函数实现，使用方式与 var() 函数基本相同，同样需要接收一个数组。分别使用计算公式和函数进行数组标准差的计算，代码 CORE0320 如下所示。

代码 CORE0320

```
import numpy as np
# 数组
a = np.array([
    [1,2,3],
    [4,5,6],
    [7,8,9],
])
print (a)
# 公式计算标准差
print (np.sqrt(np.mean(np.power((a - np.mean(a)),2))))
# std() 函数计算标准差
print (np.std(a))
```

效果如图 3.21 所示。

5. 中位数

在统计函数中，中位数同样是不可或缺的，NumPy 为中位数的计算提供了一个 median() 函数，传入需要计算的数组后，通过对参数的设置可以实现多种情况，如针对所有元素计算中位数、按行计算中位数等，median() 函数的常用参数见表 3.15。

使用 median() 函数进行数组中位数的计算，代码 CORE0321 如下所示。

图 3.21　标准差计算

表 3.15　median() 函数的常用参数

参数	描述
a	数组
axis	指定轴，默认为 None，针对所有元素计算。当值为 0 时，按列计算；当值为 1 时，按行计算

代码 CORE0321

```
import numpy as np
# 数组
a = np.array([
    [3, 5, 2],
    [6, 7, 4],
    [1, 9, 8]
])
print (a)
# 针对所有元素计算中位数
print (np.median(a))
# 按列计算中位数
print (np.median(a,axis=0))
# 按行计算中位数
print (np.median(a,axis=1))
```

效果如图 3.22 所示。

图 3.22　中位数计算

通过上面的学习,掌握了 NumPy 位运算函数、数据函数以及统计函数的使用,通过以下几个步骤,完成对学生信息数据相关内容的统计,包含学生成绩的平均值、学生每门课程的最好和最差成绩等。

第一步:加载数据。

使用 Pandas 模块提供的 loadtxt() 方法读取学生信息数据,之后对课程成绩相关数据进行格式转换操作,然后将处理后的数据分别放到两个不同的变量中,代码 CORE0322 如下所示。

```
代码 CORE0322

# -*- coding:utf8-*-
# 导入 numpy 模块
import numpy as np
# loadtxt() 方法提取数据
data=np.loadtxt("student.txt",dtype=str,encoding='utf-8')
# 获取第一列数据并转换格式
ID=data[1:][...,0].reshape(len(data[1:]),-1)
# 获取二列数据并转换格式
Name=data[1:][...,1].reshape(len(data[1:]),-1)
# 获取三列数据,转换数据类型并转换格式
Math=data[1:][...,2].astype(int).reshape(len(data[1:]),-1)
# 获取四列数据,转换数据类型并转换格式
Bigdata=data[1:][...,3].astype(int).reshape(len(data[1:]),-1)
# 合并第一、二列数据
newdata=np.hstack((ID,Name))
print(newdata)
# 合并第三、四列数据
newdata1=np.hstack((Math,Bigdata))
# 查看合并后的数据
print(newdata1)
```

效果如图 3.23 所示。

第二步:课程信息统计。

通过学生每门课程的成绩实现课程信息的统计,使用 amax() 函数查看每门课程的最高成绩,amin() 函数查看每门课程的最低成绩,median() 函数查看每门课程的中等成绩,最后使用 mean() 函数按列获取课程的平均成绩,代码 CORE0323 如下所示。

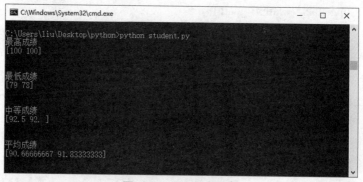

图 3.23 加载数据

代码 CORE0323

```
# 获取课程的最高成绩
Course_highest_Grade=np.amax(newdata1,0)
print(Course_highest_Grade)
# 获取课程的最低成绩
Course_lowest_Grade=np.amin(newdata1,0)
print(Course_lowest_Grade)
# 获取课程的中等成绩
Course_medium_Grade=np.median(newdata1,0)
print(Course_medium_Grade)
# 获取课程的平均成绩
Course_average_Grade=np.mean(newdata1,0)
print(Course_average_Grade)
```

结果如图 3.24 所示。

图 3.24 课程信息统计

第三步：学生信息统计。

同样对学生成绩进行分析，可以通过 ptp() 函数求取最大值与最小值的差，实现学生偏科情况的分析，差值越大说明偏科越严重；通过 sum() 函数进行每门课程成绩的相加，实现总成绩的获取；最后使用 mean() 函数按行获取每个学生的平均成绩。代码 CORE0324 如下所示。

代码 CORE0324

```
# 查看各个学生的偏科情况
stu_Partial=np.ptp(newdata1,axis=1).reshape(len(newdata1),-1)
print(stu_Partial)
# 获取学生的总成绩
stu_total_Grade=np.sum(newdata1,axis=1).reshape(len(newdata1),-1)
print(stu_total_Grade)
# 获取每个学生的平均成绩
stu_average_Grade=np.mean(newdata1,1).reshape(len(newdata1),-1)
print(stu_average_Grade)
```

结果如图 3.25、图 3.26 和图 3.27 所示。

第四步：班级信息统计。

再次使用 mean() 函数通过所有学生各个课程成绩即可实现班级平均成绩的统计，从而可以实现同一年级各个班级的排名，代码 CORE0325 如下所示。

图 3.25　偏科情况统计

图 3.26　总成绩统计

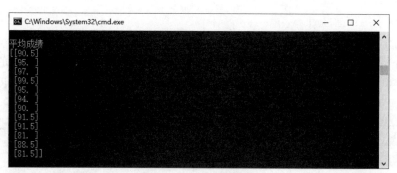

图 3.27 平均成绩统计

代码 CORE0325

```
# 获取班级的平均成绩
Class_average_Grade=np.mean(newdata1)
print(Class_average_Grade)
```

结果如图 3.28 所示。

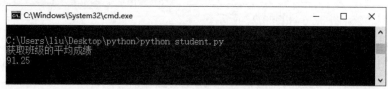

图 3.28 班级平均成绩统计

第五步：统计信息整合。

使用 hstack() 函数和 stack() 函数分别将学生信息统计数据和课程信息统计数据合并，并通过 append() 函数实现行元素的添加，代码 CORE0326 如下所示。

代码 CORE0326

```
# 生成学生信息一览表
# 按行合并学生统计信息
newdata2=np.hstack((newdata,newdata1,stu_total_Grade,stu_Partial,stu_average_Grade))
# 创建列数据名称并将合并后的学生统计信息添加到名称下方
print(np.append(np.array([["ID","Name","Math","Bigdata","stu_Partial","stu_total_
Grade","stu_average_Grade"]]),values=newdata2,axis=0))
# 生成课程信息一览表
# 创建行名称
Column=np.array([["Course_highest_Grade","Course_lowest_Grade","Course_medium_
Grade","Course_average_Grade"]]).reshape(4,-1)
# 按列合并行名称和课程统计数据
newdata3=np.stack((Course_highest_Grade,Course_lowest_Grade,Course_medium_
Grade,Course_average_Grade))
```

```
# 创建列数据名称并将合并后的课程统计数据添加到名称下方
print(np.append(np.array([["column_name","Math","Bigdata"]]),values=np.hstack((-Column,newdata3)),axis=0))
```

运行以上代码,出现如图 3.1 所示效果即可说明学生信息统计成功。

本项目通过 NumPy 科学计算库数据统计的实现,对 NumPy 的概念、位运算函数使用等相关知识有了初步了解,对数学函数与统计函数的应用有所了解并掌握,并能够通过所学的 NumPy 数据统计相关知识实现学生信息的统计。

reciprocal	倒数	mod	模
prod	产品	ceil	细胞
decimals	小数点	weights	重量

1. 选择题

（1）下列选项中（　　　）能够实现位与操作。

A.invert() 　　　　B.bitwise_and() 　　　　C.left_shift() 　　　　D.right_shift()

（2）下列选项中属于 mod() 函数作用的是（　　　）。

A. 返回数组中各个元素倒数

B. 以数组各个元素为底数,进行元素幂的计算

C. 计算不同数组相应元素相除后的余数

D. 进行数组中元素的开方计算

（3）mean() 函数主要用于计算（　　　）。

A. 加权平均值 　　　B. 算术平均值 　　　C. 平方平均值 　　　D. 平均值

（4）下列函数中用于实现累计求和的是（　　　）。

A.sum() 　　　　B.cumsum() 　　　　C.prod() 　　　　D.cumprod()

（5）var() 函数主要用于计算（　　　）。

A. 方差 　　　　B. 标准差 　　　　C. 中位数 　　　　D. 离散值

2. 简答题

（1）简述舍入函数与取整函数的使用。

（2）自定义一组数据并计算其最大值、最小值、算术平均值、方差、中位数。

项目四　Pandas 数据分析库

　　通过对 Pandas 数据分析知识的学习，了解 Pandas 数据分析相关概念，熟悉 Pandas 统计函数的使用，掌握聚合函数使用及透视表创建，具有使用 Pandas 实现旅游数据分析的能力，在任务实现过程中：

- ● 了解 Pandas 数据分析相关概念；
- ● 熟悉 Pandas 统计函数的使用；
- ● 掌握聚合函数使用和透视的创建；
- ● 具有实现旅游数据分析的能力。

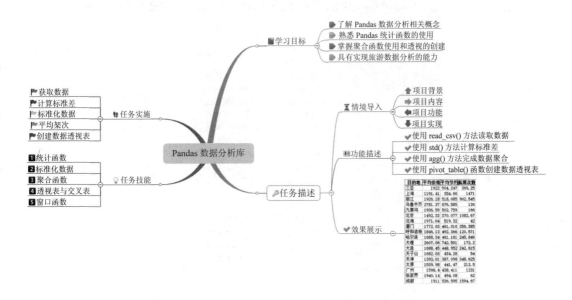

【情境导入】

现代旅游产业诞生于19世纪并迅速成为一个新兴产业。20世纪60年代开始,全球旅游经济增长速度超过全球经济增长速度,已经超过石油和汽车工业成为世界第一大产业。到2020年,全球旅游产业收入将增至16万亿美元,能够提供3亿个工作岗位,旅游业的发展速度直接导致客运量和客运数据的激增。在旅游业的发展过程中主要基于这些数据去分析人们的出行习惯,由于数据庞大且都是以客观表格形式存储的,所以很难从中直接获取到某些信息,这时可以借助工具对数据进行分析,将数据转化成容易读懂的形式。本项目通过对Pandas数据分析知识的学习,最终完成旅游数据的分析。

【功能描述】

- 使用 read_csv() 方法读取数据。
- 使用 std() 方法计算标准差。
- 使用 agg() 方法完成数据聚合。
- 使用 pivot_table() 函数创建数据透视表。

【效果展示】

通过对本项目的学习,能够使用Pandas库中数据分析相关的统计函数、聚合函数,对图4.1中的数据进行分析,并将分析结果保存到本地文件中,效果如图4.2至图4.3所示。

	A	B	C	D	E
1	出发地	目的地	平均价格 (元)	平均节约 (元)	航班次数 (次)
2	上海	三亚	1627.35	444.39	397
3	上海	丽江	1981.49	569.38	1159
4	上海	乌鲁木齐	3223.76	711.8	136
5	上海	九寨沟	1893.7125	492.425	168
6	上海	北京	1317.09	344.65	1444
7	上海	厦门	1322.67	339.51	357
8	上海	呼和浩特	1561.23	432.32	125
9	上海	哈尔滨	1352.99	357.96	285
10	上海	大连	1258.3	351.34	242
11	上海	太原	1412.79	433.6	212
12	上海	张家界	2203.23	539.2	27
13	上海	桂林	1325.83	351.8	576
14	上海	武汉	1136.22	335.93	512
15	上海	沈阳	1455.61	387.26	223

图 4.1　总数据

0	上海	三亚	0.21182	0.10833	0.24101
1	上海	丽江	0.28669	0.21876	0.72177
2	上海	乌鲁木齐	0.54935	0.34459	0.07634
3	上海	九寨沟	0.26813	0.15077	0.09653
4	上海	北京	0.14622	0.02021	0.90158
5	上海	厦门	0.1474	0.01566	0.21577
6	上海	呼和浩特	0.19784	0.09766	0.0694
7	上海	哈尔滨	0.15381	0.03197	0.17035
8	上海	大连	0.13379	0.02612	0.14322
9	上海	太原	0.16645	0.09879	0.12429
10	上海	张家界	0.33358	0.19209	0.00757
11	上海	桂林	0.14807	0.02652	0.35394
12	上海	武汉	0.10798	0.0125	0.31356
13	上海	沈阳	0.17551	0.05785	0.13123
14	上海	神农架	0.13512	0.02695	0.00883
15	上海	西双版纳	0.64862	0.51415	0.00631
16	上海	西安	0.15991	0.07618	0.54196
17	上海	重庆	0.21474	0.13251	0.5571
18	上海	长沙	0.11045	0.02455	0.32681

图 4.2　标准化数据

	A	B	C	D
	目的地	平均价格（元）	平均节约（元）	航班次数（次）
1	三亚	1922.003333	504.2466667	369.25
2	上海	1191.41	354.66	1471
3	丽江	1926.178182	518.0854545	902.5454545
4	乌鲁木齐	2781.3725	676.585	136
5	九寨沟	1936.592708	502.75875	166
6	北京	1492.326667	370.0766667	1082.666667
7	北海	1971.035	519.32	42
8	厦门	1772.026398	461.0162149	356.3846154
9	呼和浩特	1846.134286	492.3657143	120.5714286
10	哈尔滨	1688.335043	461.1606838	245.8461538
11	大理	2607.062	742.5008889	173.2
12	大连	1688.451538	448.9515385	242.6153846
13	天子山	1682.03	434.28	54
14	天津	1393.01125	387.0975	348.625
15	太原	1539.975	441.47	213.5
16	广州	1598.4	438.4111111	1231
17	张家界	1940.141429	494.08	62
18	成都	1911.00101	536.5952862	1594.666667

图 4.3　平均架次

技能点一 统计函数

Pandas 提供了一组常用的数学和统计方法,用于在数据分析中完成汇总统计的功能,能够从 Series 中提取单个值(如 sum 或 mean)或从 DataFrame 的行或列中提取一个 Series。与对应的 NumPy 数组方法相比,它们都是基于没有缺失数据的假设而构建的。常用的统计函数见表 4.1。

表 4.1 统计函数

函数	描述
count()	非空观测数量函数
sum()	求和函数
mean()	平均值函数
std()	求标准偏差函数
max()	最大值函数
min()	最小值函数
abs()	绝对值函数

1. 非空观测数量函数

非空观测数量函数能够返回请求轴的非空值的数量。默认情况下,count() 函数统计纵轴非空数值的数量(axis=0),也可通过修改 axis 参数为 1(axis=1)实现横轴非空值数量的统计,通过对行非空值数量的统计能够快速定位出哪一行的数据有数据缺失。使用 count() 函数分别实现行非空值数量和列非空值数量的统计,代码 CORE0401 如下所示。

```
代码 CORE0401

import pandas as pd
import numpy as np
df=pd.DataFrame({"Person":["John", "Myla", "Lewis", "John", "Myla"],
"Age": [24.,np.nan, 21., 33, 26],
"Single": [False, True, True, True, False]})
# 原始数据
```

```
print(df)
# 列非空值数量统计
print(df.count())
# 行非空值数量统计
print(df.count(axis=1))
```

结果如图 4.4 所示。

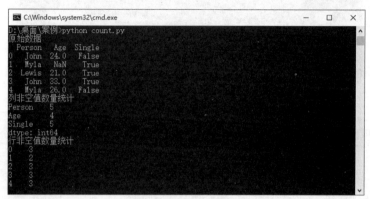

图 4.4　count 函数

2. 求和函数

求和函数能够返回请求轴的值的和，通过设置 sum() 函数中参数 axis 的值可指定求和函数统计的是横轴值的和还是纵轴值的和，默认情况下统计纵轴值的和。使用 sum() 求和函数求和的计算，代码 CORE0402 如下所示。

代码 CORE0402

```
import pandas as pd
df=pd.DataFrame({
"Number":[13,20,35,46,32],
"Price": [24,43,21,33,26]
})
# 原始数据
print(df)
# 列求和
print(df.sum())
# 行求和
print(df.sum(axis=1))
```

结果如图 4.5 所示。

3. 平均值函数

平均值函数能够返回请求轴元素的平均数，主要通过 mean() 函数实现，能够设置 asix 参数的值来控制列平均值或行平均值的计算。当 axis=0 时，表示计算每列数据的平均值；

当 axis=1 时,表示计算每行数据的平均值。使用 mean() 函数实现平均值的计算,代码 CORE0403 如下所示。

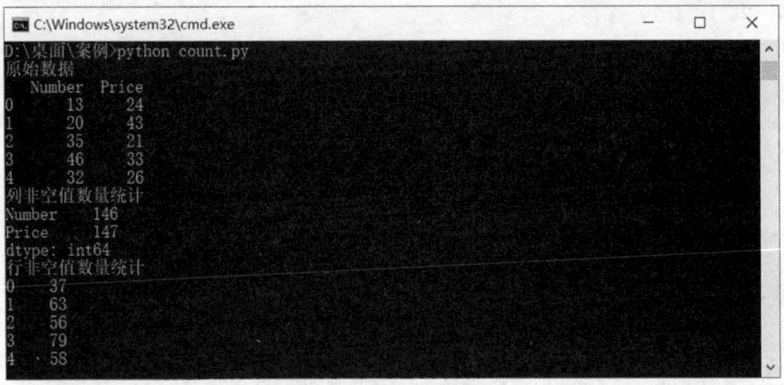

图 4.5　求和函数

代码 CORE0403

import pandas as pd
df=pd.DataFrame({
"A":[13,20,35,46,32],
"B": [24,43,21,33,26]
})
# 原始数据 	
print(df)
# 列平均数 	
print(df.mean())
# 行平均数 	
print(df.mean(axis=1))

结果如图 4.6 所示。

图 4.6　平均数函数

4. 标准偏差函数

标准偏差是一个统计学的名字,是度量数据分布分散程度的标准,用于计算数据偏离平均值的程度,标准偏差越小,这些值偏离平均值就越小,标准偏差越大,这些值偏离平均值就越大。

标准偏差主要通过 std() 函数实现,其能够返回请求轴值的偏差,默认状态下返回纵轴的偏差(axis=0),通过将 axis 参数设置为 1 可返回横轴的偏差。使用 std() 函数计算数据的标准偏差,代码 CORE0404 如下所示。

代码 CORE0404

```python
import pandas as pd
df=pd.DataFrame({
"A":[25,26,25,23,30,29,23,34,40,30,51,46],
"B": [4.23,3.24,3.98,2.56,3.20,4.6,3.8,3.78,2.98,4.80,4.10,3.65]})
# 纵轴值的偏差
print(df.std())
# 横轴值的偏差
print(df.std(axis=1))
```

结果如图 4.7 所示。

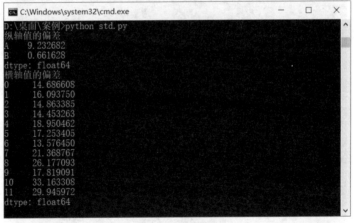

图 4.7   标准偏差

5. 最大值与最小值函数

在一个 DataFrame 对象中想要快速查找出数据中心的最大值或最小值可以使用 max()(所有值中的最大值)与 min()(所有值中的最小值)函数,之后通过设置 axis 参数实现行最大、最小值(axis=1)或列最大、最小值(默认或 axis=0)的控制。使用 max() 和 min() 函数实现数据最大值与最小值的统计,代码 CORE0405 如下所示。

代码 CORE0405

```python
import pandas as pd
```

```
import numpy as np
df=pd.DataFrame({
"A":[25,26,25,23,30,29,23,34,40,30,51,46 ],
"B": [4.23,3.24,3.98,2.56,3.20,4.6,3.8,3.78,2.98,4.80,4.10,3.65]})
# 行最大值
print(df.max(axis=1))
# 行最小值
print(df.min(axis=1))
# 列最大值
print(df.max())
# 列最小值
print(df.min())
```

结果如图 4.8 所示。

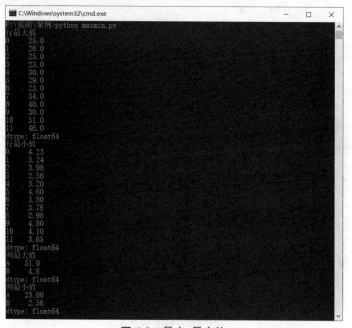

图 4.8　最大、最小值

6. 绝对值函数

绝对值函数主要通过 abs() 函数实现，能够返回所有元素的绝对值，但需要注意的是，绝对函数并没有相关的参数，因此，其不能通过行或列的控制实现特定轴数据的操作，使用abs() 函数实现绝对值的获取，代码 CORE0406 如下所示。

代码 CORE0406
import pandas as pd df=pd.DataFrame({

```
"A":[45,-26,-78,25,-46],
"B": [-4.23,-3.24,3.98,-2.56,-3.20]})
# 行绝对值
print(df.abs())
```

结果如图 4.9 所示。

图 4.9 绝对值函数

技能点二 标准化数据

在开始数据分析之前,通常还需要将数据进行标准化,然后使用标准化后的数据进行数据分析,数据标准化是指数据的指数化。数据标准化处理主要包含两个方面,分别为同趋化处理和无量纲化处理。数据同趋化主要用于解决数据不同性质的问题,数据无量纲化处理主要解决数据的可比性问题。Pandas 提供了三种数据标准化的方法,分别为离差标准化数据、标准差标准化数据和小数定标准化数据。标准化图标如图 4.10 所示。

图 4.10 标准化

1. 离差标准化数据

离差标准化也叫最大值—最小值标准化,各变量经过离差标准化后,其观察的数值范围都会在 [0,1] 之间,标准化操作后数据是没有单位的纯数量,离差标准化是消除数据受量纲(单位)和变异程度影响的最简单方法,有些数据在定义时就已经要求对数据进行了离差标准化,而有些数据则没有进行离差标准化,使用没有进行离差标准化的单位数据进行计算时,需要对其进行数据标准化,验证分析结果是否是有意义的变化。离差标准化计算公式如下。

```
datax=(data-data.min())/(data.max()-data.min())
```

使用离差标准化的方式对数据进行标准化，代码 CORE0407 如下所示。

代码 CORE0407

```
import pandas as pd
import numpy as np
detail = pd.read_csv('detail.csv',index_col=0,encoding = 'UTF-8')
def minmaxscale(data):
    datax=(data-data.min())/(data.max()-data.min())  # 计算公式
    return datax
# 对菜品订单表售价和销量做离差标准化
data1=minmaxscale(detail['price'])
data2=minmaxscale(detail ['comment'])
data3=pd.concat([data1,data2],axis=1)
print(' 离差标准化之前销量和售价数据为：\n',
    detail[['price','comment']].head())
print(' 离差标准化之后销量和售价数据为：\n',data3.head())
```

原始数据内容如图 4.11 所示。

图 4.11　未标准化数据

标准化操作后数据如图 4.12 所示。

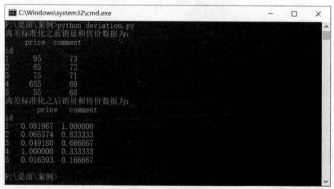

图 4.12　离差标准化

2. 标准差标准化数据

标准差标准化是将某变量中的观察值减去该变量的平均数,然后除以该变量的标准差,是使用率较高的数据标准化方法,而经过标准差方式标准化后的数据会出现一半观察值小于 0 另一半大于 0 的情况,并且,经过标准化后的数据既没有量纲(单位)也不受变量变异的影响。标准差标准化计算公式如下。

> datax=(data-data.mean())/data.std()

其中:datax 为标准化后的数据;data 为一组数据中的观察值;data.mean() 为一组数据的平均值(方法为 data.mean);data.std() 为标准偏差。

使用标准差标准化数据,修改代码 CORE0405 中离差标准化计算公式如下。

> datax=(data-data.mean())/data.std()

之后实现数据的标准化,效果如图 4.13 所示。

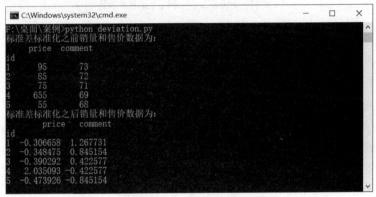

图 4.13　标准差标准化数据

3. 小数定标标准化数据

小数定标标准化数据主要通过移动数据的小数点位置来实现,小数点移动多少位取决于数据集合中绝对值最大的数值。例如,当前数据集合中的值包含 -98 到 95,那么该数据集合的最大绝对值就是 98,使用 100 除每个值,那么 -98 的规范化为 -0.98。使用 Pandas 将数据集合中的原始值使用小数定标标准化的计算方法如下。

> datax = data/(10**(np.ceil(np.log10(data.abs().max()))))

公式中 (np.ceil(np.log10(data.abs().max()))) 能够计算出最大绝对值的数据位数,其中 data.abs().max() 负责计算绝对值最大的数值。使用小数定标实现数据标准化,将代码 CORE0405 中离差标准化计算公式改为 datax=data/(10**(np.ceil(np.log10(data.abs().max())))) 即可,结果如图 4.14 所示。

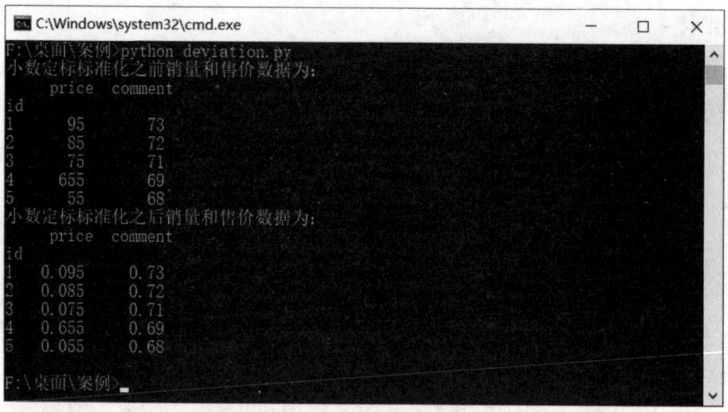

图 4.14　小数定标标准化

技能点三　聚合函数

在 Pandas 中,使用 groupby() 分组后的数据,一般还需要对其进行计算,目前,Pandas 提供了多个用于实现分组计算的函数,其中,较为常用的有 apply() 函数、agg() 函数和 transform() 函数等。

1.apply() 函数

apply() 函数主要通过事先定义好的分组规则以及符合规则元素的计算方法实现数据的分组计算,其不仅可以使用在 groupby() 分组函数之后,也可以单独对数据进行分组计算。apply 函数执行流程如图 4.15 所示。

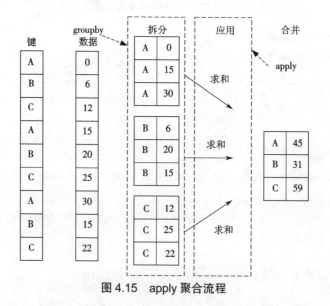

图 4.15　apply 聚合流程

apply() 函数语法格式如下。

DataFrame.apply(func, axis=0)

其中，func 参数是 apply 中最重要的一个参数，该参数代表传入的函数；axis 确定传入的数据是行数据还是列数据，axis=0（默认）将行数据传入，axis=1 则将列数据传入。使用apply() 函数实现数据分分组统计，代码 CORE0408 如下所示。

代码 CORE0408

```python
import pandas as pd
df1=pd.DataFrame({'sex':list('FFMFMMF'),
'age':[21,25,28,20,27,24,26],
'marriage':list('YYNYNYY'),
'weight':[120,110,170,130,150,130,150]})
# 原数据
print(df1)
# 自定义函数
def fat(one_row):
    # 男性
    if one_row['sex']=='M':
        return one_row['weight']*0.21
    # 女性
    if one_row['sex']=='F':
        return one_row['weight']*0.34
# 使用 apply 调用 fatt 函数
print(' 脂肪量 ')
print(df1.apply(fat,axis=1))
```

结果如图 4.16 所示。

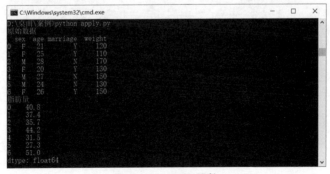

图 4.16　apply 函数

2.agg() 函数

相比于 apply() 函数，agg() 函数不仅能够通过自定义函数实现数据的计算，还可以通过Python 内置方法实现单列、多列、多聚合等运算。但需要注意的是，agg() 函数并不具备分组功能,通常结合 groupby() 分组函数使用,Python 常用内置方法见表 4.2。

表 4.2　Python 常用内置方法

内置方法	描述
count	数量
sum	和
mean	平均值
max	最大值
min	最小值

使用 agg() 函数实现聚合操作,代码 CORE0409 如下所示。

```
代码 CORE0409
import pandas as pd
from dateutil.parser import parse
import datetime as dt
import matplotlib.pyplot as plt
df1=pd.DataFrame({'sex':list('FFMFMMF'),'car':list('YNYYNYY'),'age':[21,30,17,37,40,18,26],'height':[155,160,170,154,180,185,150]})
# 原始数据
print(df1)
# 聚合结果
print(df1.groupby(['sex','car']).agg({'age':['sum','mean'],'height':['min','max']}))
```

结果如图 4.17 所示。

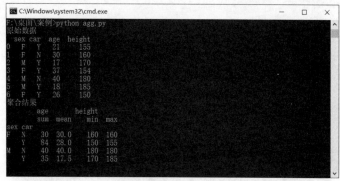

图 4.17　DataFrame 对象

3.transform() 函数

transform() 函数使用方式与 agg() 函数相同,不同之处在于,agg() 函数会将计算后的值传递给分组后的数据,而 transform() 函数会在聚合后将值传递给原数据,并且 transform() 函数只能够使用在 groupby() 函数后对一列数据进行操作。transform() 函数原理如图 4.18 所示。

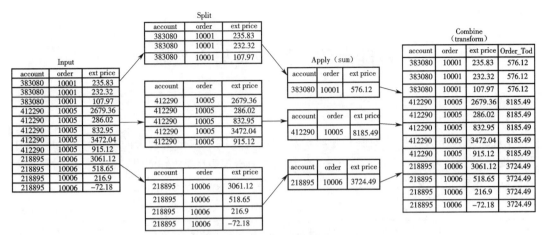

图 4.18　transform() 函数原理

使用 transform() 函数对图 4.19 中数据进行分析。

account	name	order	sku	quantity	unit price	ext price
33400	bai li	1001	B01-5	7	24.12	235.83
33400	bai li	1001	S04-2	22	36.69	107.97
33400	bai li	1001	B01-8	25	55.82	286.02
33500	shuren zhou	1002	S04-4	36	25.42	3472.04
33500	shuren zhou	1002	S04-3	14	99.66	216.91
33500	shuren zhou	1002	S04-1	9	72.3	254.65
33500	shuren zhou	1002	S04-5	44	25.42	5422.21
33500	shuren zhou	1002	S04-2	23	25.12	254.43
33600	ziqing zhu	1003	S04-2	22	92.55	233.25
33600	ziqing zhu	1003	B01-3	48	35.88	1254.36
33600	ziqing zhu	1003	B01-1	36	13.62	2542.32

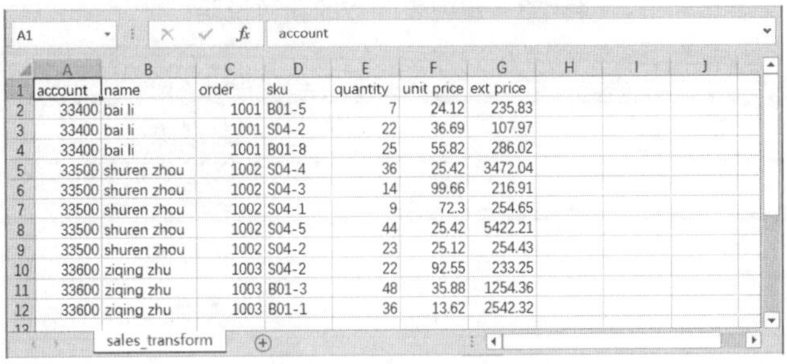

图 4.19　数据文件

代码 CORE0410 如下所示。

代码 CORE0410

```
import pandas as pd
df = pd.read_csv('sales_transform.csv',encoding = 'UTF-8')
print(df.groupby('order')["ext price"].transform('sum'))
```

结果如图 4.20 所示。

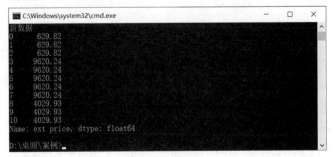

图 4.20　订单合计

技能点四　透视表与交叉表

1. 透视表

Excel 中为了方便用户对数据进行分析和理解提供了数据透视表的功能，Pandas 库中也提供了一个名为 pivot_table 的方法,实现类似于透视表的功能,使用 pivot_table 时需要对原数据有足够的了解和明确知道要通过使用数据透视表解决什么问题。

在 pivot_table 函数中主要包含四个主要的变量,函数语法格式如下。

```
pandas.pivot_table(data,index=None,columns=None,values=None)
```

透视表函数的参数说明见表 4.3。

表 4.3　透视表函数的参数说明

参数	描述
data	数据源
index	行索引
columns	列
values	数值

pandas.pivot_table 函数中的参数 index、columns 和 values 分别对应了 Excel 中数据透视表的行索引、列和值三个部分。在实际的操作中 Excel 将字段拖拽到相应的位置,而在 pandas.pivot_table 中只是将字段的名称输入到等号后。pandas.pivot_table 函数与 Excel 数据透视表对应关系如图 4.21 所示。

图 4.21　pandas pivot_table 函数与 Excel 数据透视表对应关系

为方便理解,采用了项目二中介绍 Excel 数据透视表时使用的数据并添加一列销售额和销售地区,数据如图 4.22 所示。

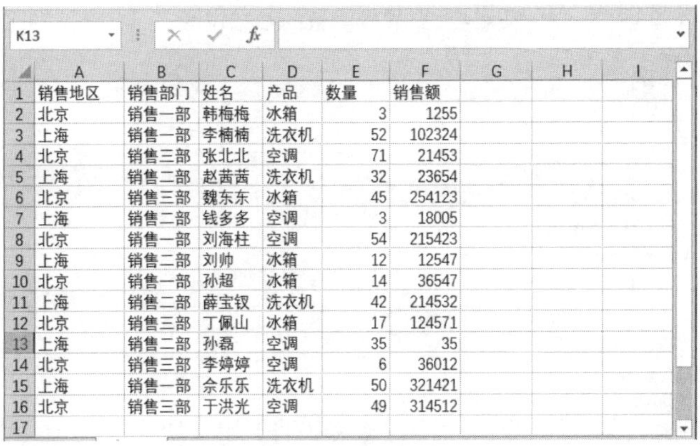

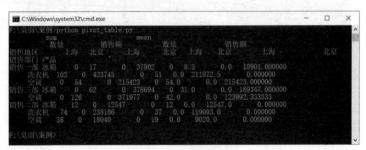

图 4.22　原始数据

使用 pd.pivot_table 函数创建数据透视表,将销售部门和产品放到行索引 index 中,数量和销售额放到值 values 中,销售地区放到列索引 columns 中。汇总方式 aggfunc 设置为求和、计数和计算平均值,代码 CORE0411 如下所示。

代码 CORE0411

```
import pandas as pd
import numpy as np
lc=pd.DataFrame(pd.read_csv('pivot_table.csv',encoding ='UTF-8'))
print(pd.pivot_table(lc,index=[" 销售部门 "," 产品 "],values=[" 数量 "," 销售额 "],columns=[" 销售地区 "],aggfunc=[np.sum,np.mean],fill_value=0))
```

结果如图 4.23 所示。

图 4.23　透视表

2. 交叉表

crosstab() 函数用于计算分组的频率,被视为一种特殊的 pivot_table 数据透视表,能够对数据进行交叉运算,如当前有三个数组可进行合并计算并返回一个 DataFrame 对象。函数语法格式如下。

```
pandas.crosstab(index, columns, values=None, rownames=None, colnames=None,
aggfunc=None)
```

交叉表函数参数说明见表 4.4 所示。

表 4.4　交叉表函数的参数说明

参数	描述
index	行分组键
columns	列分组键
rownames	行名称
colnames	列名称
aggfunc	汇总方式

使用 crosstab() 函数创建交叉表，代码 CORE0412 如下所示。

```
代码 CORE0412
import pandas as pd
import numpy as np
x=np.array([' 一部 ',' 一部 ',' 二部 ',' 二部 ',' 二部 ',' 三部 ',' 三部 '])
y=np.array([' 研发 ',' 销售 ',' 销售 ',' 销售 ',' 研发 ',' 研发 ',' 研发 '])
z=np.array([12,10,8,6,4,7,13])
print(pd.crosstab(x,[y,z],rownames=[" 部门 "],colnames=[" 组别 "," 人数 "]))
```

结果如图 4.24 所示。

图 4.24　交叉表

技能点五　窗口函数

窗口函数主要用于通过平滑曲线以图形的方式查找数据内的趋势。为能够更有效地处理数字数据，Pandas 提供了几个变体，如滚动，展开窗口。其中包括总和、均值、中位数、方差、协方差、相关性等统计运算。

1. 滚动窗口函数

rolling() 函数，即滚动窗口函数，主要用于将某个点的取值扩大到一个区间内，提升数据的准确性，其中，这个区间被称为窗口，而移动窗口则指窗口向某一方向进行移动，默认从左到右，每次移动的距离长度为一个单位。例如，进行股票全年趋势分析时，数据波动大且数据间的关联不大，这时可以用某一段数据作为参考，比如两行或三行，将前两行数据作为一个窗口统计平均值,这样每两行的数据会成为一个数据点,循环计算会得到一组新的数据,比原数据更平滑。rolling() 函数语法格式如下。

> DataFrame.rolling(window, min_periods=None, freq=None, center=False,win_type=None, on=None, axis=0)

rolling() 函数的参数说明见表 4.5。

表 4.5　rolling() 函数的参数说明

参数	描述
window	表示计算统计量的观测值的数量,即向前几个数据
min_periods	最少需要有值的观测点的数量
center	是否使用 window 的中间值作为 label,默认为 false。在 window 为 int 时使用
win_type	窗口类型,默认为 None,一般无须特殊指定
on	如果 DataFrame 不使用 index(索引)作为 rolling 的列则使用 on 指定
axis	方向(轴),一般都是 0

使用 rolling() 函数计算数据前算,代码 CORE0413 如下所示。

> 代码 CORE0413
>
> ```
> import pandas as pd
> import numpy as np
> df = pd.DataFrame([[1,4,2,5],[1,4,8,9],[7,5,5,2],[1,1,4,8]],
> index=['2020-01-01','2020-01-02','2020-01-03','2020-01-04'],
> columns=['A','B','C','D'])
> print(df)
> ```

结果如图 4.25 所示。

图 4.25　原数据

将窗口数据设置为 2,按照返回窗口观测值的和作为当前值,代码 CORE0414 如下所示。

> 代码 CORE0414
>
> ```
> print(df.rolling(2,min_periods=1).sum())
> ```

结果如图 4.26 所示。

图 4.26 滚动窗口函数

2. 展开窗口函数

expanding() 函数,即展开窗口函数,与 rolling() 函数用法和参数基本相同,不同之处在于, rolling() 函数,是固定窗口大小进行滑动计算,而 expanding() 函数只设置最小的观测值数量,不固定窗口大小,以保证计算区域不断扩展,实现累计计算。expanding() 函数语法格式如下。

```
DataFrame.expanding(min_periods=1,center=False,axis=0)
```

在代码 CORE0414 中增加如下代码,使用 expanding() 函数展开函数累计计算数据,代码 CORE0415 如下所示。

代码 CORE0415

```
print(df.expanding(2).sum())
```

结果如图 4.27 所示。

图 4.27 展开窗口函数

通过对以上知识的学习,了解了 Pandas 在数据分析方面的知识,为了巩固所学知识,通过以下几个步骤,使用 Pandas 完成对旅游数据的分析。

第一步:获取数据。

进行数据分析前,需要将完成数据预处理之后保存到数据文件、数据库等位置的数据读入到程序中,使用 read_csv() 方法加载 csv 数据文件,然后查看数据读取是否完整,代码 CORE0416 如下所示。

代码 CORE0416

```
import pandas as pd
import numpy as np
detail = pd.read_csv('Result2.csv')
print(detail)
```

数据加载结果如图 4.28 所示。

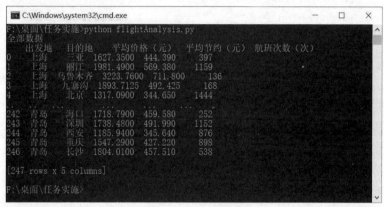

图 4.28　加载数据

第二步：计算标准差。

数据读取完成后，通过使用 std() 函数计算平均价格、平均节约、航班次数的标准差，查看这三个字段的离散程度，代码 CORE0417 如下所示。

代码 CORE0417

```
import pandas as pd
import numpy as np
detail = pd.read_csv('Result2.csv')
# 全部数据
print(detail)
# 标准差
print(detail.std())
```

标准差计算结果如图 4.29 所示。

图 4.29　标准差

第三步：标准化数据。

　　标准差计算完成后,使用标准差标准化数据的方法,将数据转化为标准化数据,并保存到 Standardization.xlsx 文件中,代码 CORE0418 如下所示。

代码 CORE0418

```python
import pandas as pd
import numpy as np
detail = pd.read_csv('Result2.csv')
print(' 全部数据 ')
print(detail)
print(' 标准差 ')
print(detail.std())
def minmaxscale(data):
    datax=(data-data.min())/(data.max()-data.min()) # 计算公式
    return datax
# 对菜品订单表售价和销量做离差标准化
data1=minmaxscale(detail[' 平均价格（元）'])
data2=minmaxscale(detail [' 平均节约（元）'])
data3=minmaxscale(detail [' 航班次数（次）'])
data4=pd.concat([detail[' 出发地 '],detail[' 目的地 '],data1,data2,data3],axis=1)
print(' 离差标准化之后销量和售价数据为：\n',data4)
data4.to_excel('./Standardization.xlsx',header=0)
print(' 数据已经保存到 Standardization.xlsx 文件中 ')
```

标准差标准化数据结果如图 4.30 所示。

图 4.30　标准差标准化数据

　　第四步：统计每个目的地飞入飞机的平均架次。

　　使用 agg 方法统计出飞往各个目的地的平均架次,聚合前需要根据目的地进行分组,并将统计结果保存到 Averagesorties.xlsx 文件中,代码 CORE0419 如下所示。

代码 CORE0419

```python
import pandas as pd
```

```
import numpy as np
detail = pd.read_csv('Result2.csv')
print(' 全部数据 ')
print(detail)
print(' 标准差 ')
print(detail.std())
def minmaxscale(data):
    datax=(data-data.min())/(data.max()-data.min())  # 计算公式
    return datax
# 对菜品订单表售价和销量做离差标准化
data1=minmaxscale(detail[' 平均价格（元）'])
data2=minmaxscale(detail [' 平均节约（元）'])
data3=minmaxscale(detail [' 航班次数（次）'])
Standardization=pd.concat([detail[' 出发地 '],detail[' 目的地 '],data1,data2,data3],axis=1)
print(' 离差标准化之后销量和售价数据为：\n',Standardization)
Standardization.to_excel('./Standardization.xlsx',header=0)
print(' 数据已经保存到 Standardization.xlsx 文件中 ')
# 统计不同出发地飞往同一目的地的平均架次
Averagesorties=detail.groupby([' 目的地 ']).agg('mean').reset_index()
print(Averagesorties)
Averagesorties.to_excel('./Averagesorties.xlsx',index=False)
print(' 数据已经保存到 Averagesorties.xlsx 文件中 ')
```

聚合结果如图 4.31 所示。

图 4.31　平均架次

第五步：创建数据透视表。

以目的地和出发地为维度进行聚合，在行索引中添加目的地和出发地，值索引中添加平均价格、平均节约和航班次数，代码 CORE0420 如下所示。

示例代码 CORE0420

import pandas as pd

```
import numpy as np
detail = pd.read_csv('Result2.csv')
# 全部数据
print(detail)
# 标准差
print(detail.std())
def minmaxscale(data):
    datax=(data-data.min())/(data.max()-data.min())  # 计算公式
    return datax
# 对菜品订单表售价和销量做离差标准化
data1=minmaxscale(detail[' 平均价格（元）'])
data2=minmaxscale(detail [' 平均节约（元）'])
data3=minmaxscale(detail [' 航班次数（元）'])
Standardization=pd.concat([detail[' 出发地 '],detail[' 目的地 '],data1,data2,data3],axis=1)
print(' 离差标准化之后销量和售价数据为：\n',Standardization)
# Standardization.to_excel('./Standardization.xlsx',header=0)
print(' 数据已经保存到 Standardization.xlsx 文件中 ')
# 统计不同出发地飞往同一目的地的平均架次
Averagesorties=detail.groupby([' 目的地 ']).agg('mean').reset_index()
print(Averagesorties)
Averagesorties.to_excel('./Averagesorties.xlsx',index=False)
print(' 数据已经保存到 Averagesorties.xlsx 文件中 ')
# 数据透视表
Dataperspectivee=pd.pivot_table(detail,index=[" 目的地 "," 出发地 "],values=[" 平均价
格（元）"," 平均节约（元）"," 航班次数（次）"])
print(Dataperspectivee)
```

标准差标准化数据结果如图 4.32 所示。

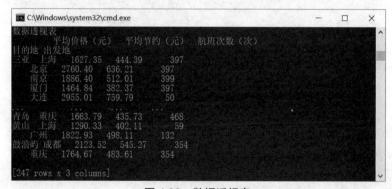

图 4.32　数据透视表

本项目通过 Pandas 旅游数据分析项目的实现,对 Pandas 相关概念和统计函数的使用有所了解,对聚合函数的使用和透视表的创建有所了解并掌握,并能够通过所学的 Pandas 数据分析知识实现旅游数据的分析。

sum	总和	sex	性别
rolling	滚动的	order	秩序
count	计数	index	索引
group	组	center	中心

1. 选择题

(1)以下哪个函数用于统计非空值数量(　　　)。

A.count()　　　　　　B.sum()　　　　　　C.abs()　　　　　　D.std()

(2)在对数据进行按行求和时需要指定参数(　　　)。

A.index=0　　　　　　B.axis=0　　　　　　C.index=1　　　　　　D.axis=1

(3)离差标准化的计算公式是(　　　)。

A.datax=(data-data.min())/(data.max()-data.min())

B.datax=(data-data.mean())/data.std()

C.datax = data/(10**(np.ceil(np.log10(data.abs().max()))))

D.datax=(data-data.mean())

(4)使用 pivot_table 函数用于指定行的参数为(　　　)。

A.values　　　　　　B.columns　　　　　　C.index　　　　　　D.data

(5)滚动窗口函数中指定窗口类型的参数为(　　　)。

A.on　　　　　　　　B.window　　　　　　C.win_type　　　　　　D.center

2. 简答题

(1)简述什么是数据标准化。

(2)简述什么是窗口函数。

项目五 SciPy 科学计算库

通过股票数据分析的实现,了解 SciPy 数据分析的相关概念,熟悉 SciPy 模块的使用方法,掌握统计函数的使用,具有使用 SciPy 实现股票数据分析的能力,在任务实现过程中:

- 了解 SciPy 数据分析的相关概念;
- 熟悉 SciPy 模块的使用方法;
- 掌握统计函数的使用;
- 具有实现股票数据分析的能力。

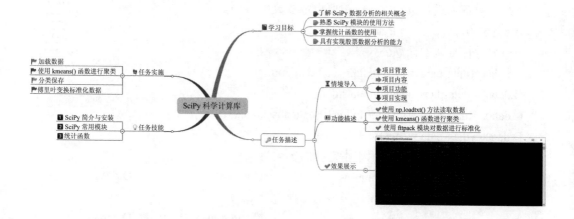

【情境导入】

400 年前在荷兰的阿姆斯特丹出现了一家可以载入史册的公司——荷兰东印度公司。该公司从事的贸易业务风险和耗资巨大,为了能够长期经营,所以开始向民间众筹,公司会给投入钱和物资的老百姓纸质凭证,到期后归还并伴随一定分红,这是最早的股票。经过了 400 多年的时间,人们生活水平提高,个人投资理财成为流行和时尚,股票投资成为热门。现在每天的股票数据已经十分庞大,想要从历史数据中分析出股票走势比较复杂,因此,需要使用特定的算法和技术对数据进行处理和分析。本项目通过对 SciPy 进行相关学习,最终实现股票数据的分析。

【功能描述】

● 使用 np.loadtxt() 方法读取数据。
● 使用 kmeans() 函数进行聚类。
● 使用 fttpack 模块对数据进行标准化。

【效果展示】

通过对本项目的学习,能够使用 SciPy 中相关数据分析算法对图 5.1 中的数据进行分析,并将分析结果保存到本地文件中,效果如图 5.2 至图 5.4 所示。

18614	19.25	100	19.25	100	100	3500000
18615	19.85	19.85	19.85	19.85	19.85	4500000
18615	19.85	19.85	19.85	19.85	19.85	4500000
18616	19.96	19.96	19.96	19.96	19.96	3650000
18617	19.97	19.97	19.97	19.97	19.97	3510000
18618	100	19.98	19.98	19.98	19.98	3990000
18619	20.07	20.07	20.07	20.07	20.07	2720000
18623	19.92	19.92	100	19.92	19.92	2660000

图 5.1 股票数据

42562	2131.72	2143.16	2131.72	2137.16	2137.16	3253340000
42562	2131.72	2143.16	2131.72	2137.16	2137.16	3253340000
42562	2131.72	2143.16	2131.72	2137.16	2137.16	3253340000
35450	776.17	780.08	774.19	776.7	776.7	440470000
35451	776.7	783.72	772	782.72	782.72	571280000
35452	782.72	786.23	779.56	786.23	786.23	589230000
35453	786.23	794.67	776.64	777.56	777.56	685070000
35460	772.5	784.17	772.5	784.17	784.17	524160000

图 5.2 a 分组

18614	19.25	100	19.25	100	100	3500000
18615	19.85	19.85	19.85	19.85	19.85	4500000
18615	19.85	19.85	19.85	19.85	19.85	4500000
18616	19.96	19.96	19.96	19.96	19.96	3650000
18617	19.97	19.97	19.97	19.97	19.97	3510000
18618	100	19.98	19.98	19.98	19.98	3990000
18619	20.07	20.07	20.07	20.07	20.07	2720000
18623	19.92	19.92	100	19.92	19.92	2660000

图 5.3　b 分组

图 5.4　傅里叶变换标准化

技能点一　SciPy 简介与安装

1.SciPy 简介

SciPy 是一款依赖于 NumPy 的致力于解决科学计算中常见问题的工具包,能够完成数据统计、优化、整合、傅里叶变换、信号和图像处理、常微分方程求解器等,以及有效地计算 NumPy 矩阵,来让 NumPy 和 SciPy 协同工作。SciPy 中包含的子模块见表 5.1。

表 5.1　SciPy 模块

模块名	功能
scipy.cluster	矢量量化 k-Means
scipy.constants	物理和数学常数
scipy.fftpack	傅里叶变换
scipy.interpolate	插值

模块名	功能
scipy.linalg	线性代数
scipy.ndimage	多维图像处理

2.SciPy 安装

SciPy 的安装方式有两种，包括 pip 安装和 wheel 文件安装，本书选用 pip 方式直接安装，具体步骤如下。

第一步：打开 cmd 命令行，直接输入 pip install scipy 即可安装，如图 5.5 所示。

图 5.5　安装 SciPy

第二步：安装完成后，进入 Python 命令行，然后通过"import scipy"验证是否安装成功，如果不报错则代表安装成功，如图 5.6 所示。

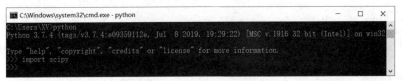

图 5.6　验证是否安装成功

技能点二　SciPy 常用模块

1.cluster 模块

SciPy 中的 cluster 模块能够实现数据的聚类分析，广泛应用于金融分析、医疗、生物等众多行业数据挖掘和信息检索等领域，能够将相似度较大的数据聚集到同一类中，数据相似度较低的数据分到不同的类中，类与类之间的相似度较小。该模块中包含的三个函数见表 5.2。

表 5.2　cluster 模块函数

函数	描述
whiten()	在每个要素的基础上标准化一组观测值
kmeans()	对形成 k 个群集的一组观察向量执行 k 均值
vq()	获得最终的分簇

（1）whiten() 函数

whiten() 函数能够在每个分类的基础上标准化一组观测值。在运行 k 均值算法之前，使该函数能够对观测值进行标准化操作。每个观测值均除以所有观测值的标准偏差，以得出单位方差。函数语法格式如下。

scipy.cluster.vq.whiten(obs,check_finite=TRUE)

whiten() 函数的参数说明见表 5.3。

表 5.3　whiten() 函数的参数说明

参数	描述
obs	数据集
check_finite	是否检查输入矩阵仅包含有限数。禁用可能会提高性能，该参数为可选参数值为 bool 类型，默认为 True

使用 NumPy 方法创建一个三维数组，并使用 whiten() 函数对数据进行标准化操作，由于导入 SciPy 后不会自动引入其子模块，所以 whiten() 需要单独引入，代码 CORE0501 如下所示。

代码 CORE0501

```
from scipy.cluster.vq import whiten
import numpy as np
a=np.array([[1.2,1.9,1.8],[1.5,2.5,2.6],[0.8,0.4,1.8]])
aw= whiten(a)
print(aw)
```

结果如图 5.7 所示。

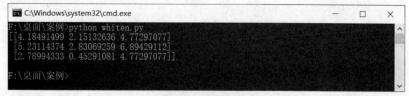

图 5.7　优化数据

（2）kmeans() 函数

kmeans() 函数需要传入通过 whiten() 函数处理过的数据以及分组的数量，根据用户设置单位分组数量将观测值分类调整为聚类,然后在连续迭代中更新聚类直到稳定位置。

kmeans() 函数语法格式如下。

scipy.cluster.vq.kmeans(obs,k_or_guess,iter)

kmeans() 函数的参数说明见表 5.4。

表 5.4　kmeans() 函数的参数说明

参数	说明
obs	使用 whiten() 函数处理后的数据
k_or_guess	生成的质心数
iter	运行 k 均值的次数,返回具有最低失真的结果。该参数不代表算法迭代次数

使用 whiten() 函数返回的阵列作为 obs 参数传入 kmeans() 函数中并设置质心为 2,代码 CORE0502 如下所示。

代码 CORE0502

```
from scipy.cluster.vq import whiten,kmeans
import numpy as np
a=np.array([[1.2,1.9,1.8],[1.5,2.5,2.6],[0.8,0.4,1.8]])
aw= whiten(a)
center=kmeans(aw,2)
print(center)
```

结果如图 5.8 所示。

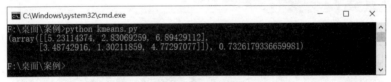

图 5.8　k- 均值

(3)vq() 函数

将样本数据和质心传入 vq() 函数中,然后将数组中的每个观察向量与代码簿中的质心进行比较,将最接近的质心代码分配给观察向量,vq() 函数语法格式如下。

scipy.cluster.vq.vq(obs,code_book,check_finite)

vq() 函数的参数说明见表 5.5。

表 5.5　vq() 函数的参数说明

参数	说明
obs	使用 whiten() 函数处理后的数据

续表

参数	说明
code_book	k-Means 算法生成代码簿

使用 whiten() 函数返回的阵列作为 obs 参数传入 vq() 函数中并将使用 kmeans() 函数生成的代码薄作为 code_book 参数传入，获得最终的分簇，然后根据分簇将原数据阵列进行分类，代码 CORE0503 如下所示。

代码 CORE0503

```
from scipy.cluster.vq import whiten,kmeans,vq
import numpy as np
spot=np.array([[1.2,1.9,1.8],[1.5,2.5,2.6],[0.8,0.4,1.8]])
aw= whiten(spot)
center,_=kmeans(aw,2)
cluster,_=vq(aw,center)
a = []
b = []
for i in range(len(cluster)):
    if cluster[i] == 0:
        a.append(spot[i])
    elif cluster[i] == 1:
        b.append(spot[i])
print(a)
print(b)
```

结果如图 5.9 所示。

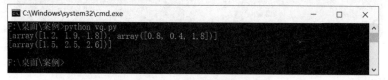

图 5.9　获得最终分类

2.constants 模块

constants 模块中提供了各种类型的常量如数字常量、物理常量、单位常量和其他常量。在使用 constants 模块中的常量前需要引入该模块，常量见表 5.6 至表 5.9。

表 5.6　数据常量

常量	描述
pi	PI 值
golden	黄金比例

表 5.7 物理常量

常量	描述
c	真空中的光速
speed_of_light	真空中的光速
h	普朗克常数
G	牛顿的引力常数
e	基本电荷
R	摩尔气体常数
Avogadro	阿伏伽德罗常数
k	波尔兹曼常数
electron_mass 或者 m_e	电子质量
proton_mass 或者 m_p	质子质量
neutron_mass 或 m_n	中子质量

表 5.8 单位

常量	值
milli	0.001
micro	1e-06
kilo	1000

表 5.9 其他常量

常量	值
minute	1 分钟的秒数 (60)
day	1 天的秒数
inch	1 米的英寸数
micron	1 米的微米数
light_year	1 光年的米数
liter	1 立方米的升数
gallon	1 立方米的加仑数

引入 constants 模块和 math 模块分别使用两个模块输出 pi 的值并保留 16 位小数,查看 constants 模块与 math 中的 pi 值是否一致,代码 CORE0504 如下所示。

代码 CORE0504
import scipy.constants
import math
print("sciPy-pi=%.16f"%scipy.constants.pi)
print("math-pi = %.16f"%math.pi)

结果如图 5.10 所示。

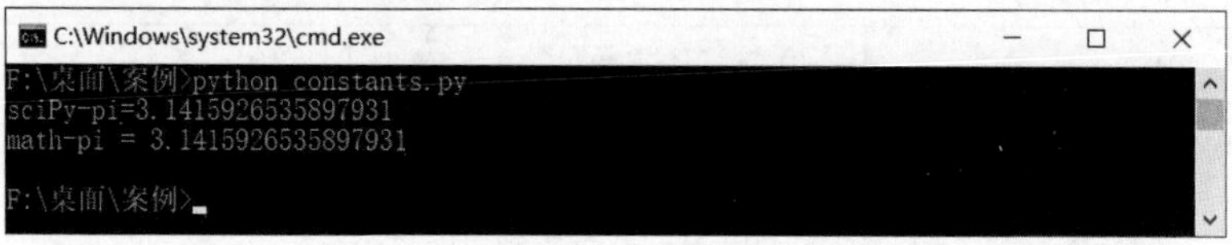

图 5.10　pi 常量

3.fftpack 模块

傅里叶变换能够将满足一定条件的函数表示为三角函数或它们积分的线性组合。傅里叶变换在不同的研究领域中会有多种不同的形式，如连续傅里叶变换和离散傅里叶变换。实际生活中的声音、图像、工程中的波动信息计算和天文学中对星体观测的计算都会使用到傅里叶变换，傅里叶变换能够将一个复杂的事物分解为一对标准化的简单事物。fttpack 模块中封装了用于实现傅里叶变化的函数，见表 5.10。

表 5.10　fttpack 函数

函数	描述
fft()/ifft()	返回实数或复数序列的离散傅里叶 / 逆傅里叶变换
fft2()/ifft2()	返回实数或复数序列的二维离散傅里叶 / 逆傅里叶变换
fftn()/ifftn()	返回多维离散傅里叶 / 逆多维离散傅里叶变换
rfft()/irfft()	返回实序列的离散傅里叶变换 / 离散傅里叶逆变换
dct()/idct()	返回任意类型序列 x 的离散余弦变换 / 逆离散余弦变换
dctn()/idctn()	返回沿指定轴的多维离散余弦变换
dst()/idst()	返回任意类型序列 x 的离散正弦变换 / 逆离散正弦逆变换
dstn()/idstn()	返回沿指定轴的多维离散正弦变换

根据表 5.10 可将函数分为普通傅里叶变换 / 逆变换函数和三角函数傅里叶变换 / 逆变换函数，使用方法与语法格式如下。

（1）普通傅里叶变换函数

普通傅里叶变换函数能够实现一维或多维实数和复数序列的离散傅里叶变换，其语法格式基本类似。

● fft()/ifft() 语法格式如下。

```
scipy.fftpack.fft(x,n,axis,overwrite_x)
```

● fft2()/ifft2() 语法格式如下。

```
scipy.fftpack.fft2(x,axes=(-2, -1), overwrite_x=False)
```

● fftn()/ifftn() 语法格式如下。

```
scipy.fftpack.ifftn(x,axes=None,overwrite_x=False)
```

● rfft()/irfft() 语法格式如下。

```
scipy.fftpack.irfft(x,n=None, axis=-1,overwrite_x=False)
```

普通傅里叶变换函数的参数说明见表 5.11。

表 5.11　普通傅里叶变换函数的参数说明

参数	描述
x	数据阵列
n	傅里叶变换的长度
overwrite_x	如果为 True,则 x 的内容可以被销毁;默认值为 False
axis	计算傅里叶变换的轴,默认值在最后一个轴上(即 axis=-1)

　　傅里叶变换中的函数都是成对出现的,包含变换与逆变换,使用随机数函数生成一组随机阵列,然后进行离散傅里叶变换与逆傅里叶变换,逆傅里叶变换后实数部分与原始数据一致,代码 CORE0505 如下所示。

代码 CORE0505

```
from scipy.fftpack import fft, ifft
import numpy as np
x=[]
for i in range(20):
x.append(np.random.randint(50))
# 离散傅里叶变换
fft=fft(x)
print(fft)
# 逆傅里叶变换
ifft= ifft(fft)
print(ifft)
```

结果如图 5.11 所示。

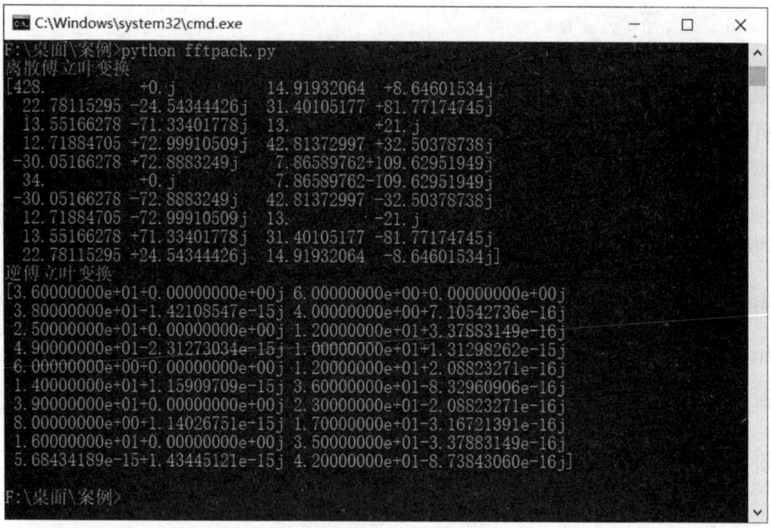

图 5.11　傅里叶变换

（2）三角函数傅里叶变换

三角函数傅里叶变换函数能够实现任意类型序列沿 x 轴或沿指定轴的离散正弦和余弦变换和逆变换，其语法格式基本类似。

● dct()/idct() 语法格式如下。

```
scipy.fftpack.dct(x,type=2,n=None,axis=-1,norm=None,overwrite_x=False)
```

● dctn()/idctn() 语法格式如下。

```
scipy.fftpack.dctn(x,type=2,shape=None,axes=None,norm=None,overwrite_x=False)
```

● dst()/idst() 语法格式如下。

```
scipy.fftpack.dst(x,type=2,n=None,axis=-1,norm=None,overwrite_x=False)
```

● dstn()/idstn() 语法格式如下。

```
scipy.fftpack.dstn(x,type=2,shape=None,axes=None,norm=None,overwrite_x=False)
```

随机创建一个数组，然后进行离散余弦变化和逆变换，离散余弦变换会根据不同频率振荡的余弦函数的和表示有限数据点序列，离散逆余弦变换。代码 CORE0506 如下所示。

代码 CORE0506

```
from scipy.fftpack import dct,idct
import numpy as np
x=[]
for i in range(20):
    x.append(np.random.randint(50))
print(x)
print(" 离散余弦变换 ")
```

```
print(dct(x))
print(" 离散余弦逆变换 ")
print(idct(x))
```

结果如图 5.12 所示。

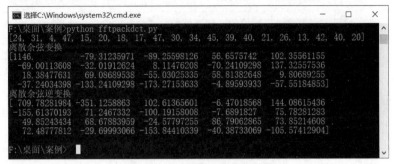

图 5.12　三角函数傅里叶变换

4.interpolate 模块

插值是指在离散数据的基础上插入连续函数,然后使连续曲线通过全部给定的离散数据点,找到一个逼近这些点的函数来反映出这些点的走势规律。当拟合出插值函数后便可用这个插值函数计算其他 x 对应的 y 值。interpolate 模块中封装了用于实现插值算法的函数,见表 5.12。

表 5.12　插值算法函数

函数	描述
interpld()/interp2d()	一维内插函数 / 二维内插函数
splrep()	找到一维曲线的样条曲线表示
splev()	利用 B 样条和它的导数进行插值

将表中的函数分为两类,分别为一维和二维内插函数、一维和二维样条插值函数,使用方法如下所示。

（1）一维和二维内插函数

一维插值的特点是节点为一维实数数组,插值函数为一元函数,如果节点是二维数组形式,则插值函数就是二元函数。

● interpld() 语法格式如下。

scipy.interpolate.interpld(x,y,kind,axis,copy,bounds_erro, assume_sorted)

● interp2d() 语法格式如下。

scipy.interpolate.interp2d(x,y,z,kind,copy,bounds_error,fill_value)

一维和二维内插函数的参数说明见表 5.13。

表 5.13　一维和二维内插函数的参数说明

参数	描述
x	一维实数数组
y	沿插值轴的 y 长度必须等于 x 的长度
kind	将内插类型指定为字符串，有 linear、cubic、quintic 可选，默认为 linear
axis	指定要沿其进行插值的 y 轴。插值默认为 y 的最后一个轴
copy	如果为 True，会复制 x 和 y。如果为 False，使用 x 和 y 的索引。默认为复制
bounds_error	如果为 True，则任何时候尝试对 x 范围之外的值进行插值都会引发 ValueError（需要进行插值）。如果为 False，则分配超出范围的值 fill_value
assume_sorted	如果为 False，则 x 的值可以按任何顺序排列，并且将首先对其进行排序。如果为 True，则 x 必须是一个单调递增值的数组
Z	要在数据点插值的函数值

已知 10 个点的坐标（x,y），使用 interpld 函数对 x 和 y 进行插值运算，得到的结果 f 是一个能够反映出这些点的走势规律的函数，然后可以通过人为制定 x 轴的坐标 xnew，然后通过 f 计算出对应的 y 轴坐标 ynew，代码 CORE0507 如下所示。

```
代码 CORE0507

import numpy as np
import matplotlib.pyplot as plt
from scipy import interpolate
#10 个点的坐标
x = np.arange(0, 10)
y = np.array([1,0.71,0.51,0.36,0.26,0.18,0.13,0.09,0.06,0.04])
f = interpolate.interp1d(x, y)
#newx 为自定义坐标，利用 f 根据 newx 得到 newx
newx = np.arange(0, 9, 0.1)
newy = f(newx)
print(newy)
```

结果如图 5.13 所示。

二维插值函数与一维插值函数使用方法类似，创建（x,y）坐标点并根据 x 和 y 的坐标使用公式计算出 z 的坐标，对 x,y,z 进行二维插值运算得到反映出这些点的走势规律的函数 f，通过认为设定 newx 和 newy 的值计算出 newz 值，代码 CORE0508 如下所示。

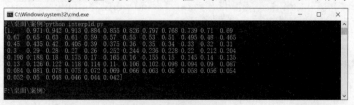

图 5.13　插值函数

代码 CORE0508

```
import numpy as np
import matplotlib.pyplot as plt
from scipy import interpolate
x = np.arange(-6., 6., 0.25)
y = np.arange(-6., 6., 0.25)
# 生成网格点坐标矩阵
xx, yy = np.meshgrid(x, y)
# 计算 z 值
z = np.sin(xx**2+yy**2)
f = interpolate.interp2d(x, y, z, kind='cubic')
newx = np.arange(-6., 6., 1e-2)
newy = np.arange(-6., 6., 1e-2)
# 根据 newx 和 newy 求 newz
newz = f(newx, newy)
print(newz)
```

结果如图 5.14 所示。

图 5.14　二维插值

（2）一维和多维样条插值函数

样条插值是一种可以根据样条做出一条经过若干点的光滑曲线的数学方法。插值样条由多项式组成，每个多项式都由相邻的两个数据点决定。任意两个相邻的多项式在连接点处都是连续的。

splrep() 语法格式如下。

scipy.interpolate.splrep(x,y,w,xb,xe,None,k,task,s,t,full_output,per,quiet)

一维和多维样条插值函数的参数说明见表 5.14。

表 5.14 一维和多维样条插值函数的参数说明

参数	描述
x,y	定义曲线 y = f(x)的数据点
w	权重,其长度与 x 和 y 相同。权重用于计算加权最小二乘样条拟合
xb, xe	间隔。如果为 None,则默认分别为 x [0] 和 x [-1]
t	任务。如果给出,则任务自动设置为 -1
full_output	如果非零,则返回可选输出
u	参数值的数组。如果未给出,这些值将自动计算,其中 M = len(x[0])

样条插值函数需要与 splev 函数结合使用进行插值,语法格式如下所示。

```
scipy.interpolate.splev(x,tck,der,ext)
```

样条插值函数的参数说明见表 5.15。

表 5.15 样条插值函数的参数说明

参数	描述
x	一个点数组。
tck	三元组或 BSpline 对象
der	要计算的样条曲线的导数阶数
ext	控制 x 不处于结序列定义的间隔内的元素的返回值

使用 NumPy 创建 10 个点(x,y),使用 splrep 进行插值运算找到反映这些点走势规律的函数 f,利用 linspace 函数生成 100 个数值,作为 newx 新的 x 值,在 splev 函数中传入 newx 和 f 得到 newy,代码 CORE0509 如下所示。

```
代码 CORE0509
import matplotlib.pyplot as plt
from scipy.interpolate import splev, splrep
import numpy as np
x = np.array([0,1.11,2.22,3.33,4.44,5.55,6.66,7.77,8.88,10])
y = np.array([0,1.89,0.79,-0.19,-0.96,-0.66,0.37,0.99,0.51,-0.54])
spl = splrep(x, y)
x2 = np.linspace(0, 10, 200)
y2 = splev(x2, spl)
print(y2)
```

结果如图 5.15 所示。

图 5.15　一维样条插值

5.linalg 模块

线性代数函数,该函数包中导入了若干解线性代数的函数,如逆矩阵运算、求解平方矩阵等, linalg 线性代数库是由优化后的 ATLAS LAPACK 和 BLAS 库构建而成的,具有良好的线性代数计算能力,linalg 中包含的线性代数函数见表 5.16。

表 5.16　线性代数函数

函数	描述
solve()	求解平方矩阵未知数
det()	查找一个行列式
eig()	特征值和特征向量
svd()	奇异值分解

（1）求解平方矩阵未知数

solve() 函数能够求解平方矩阵未知数的线性方程组,能够对简单的方程求数值解,对于复杂方程的求解能力较差且只会得到部分结果,并不是精确完整的解。函数语法格式如下。

```
scipy.linalg.solve(a,b,sym_pos,lower,overwrite_a,overwrite_b,debug,check_finite,trans-
posed)
```

求解平方矩阵未知数函数的参数说明见表 5.17。

表 5.17　求解平方矩阵未知数函数的参数说明

参数	描述
a	输入方程组中的系数,数组类型
b	输入方程中右侧的数据,数组类型

当前有方程组, 3x+2y=6,x-y=8,5y+z=9,将每个公式的系数放到数组 a 中,并将右侧数据放入数组 b 中,使用函数 solve 函数求解 x,y 和 z 的值,代码 CORE0510 如下所示。

代码 CORE0510
from scipy import linalg

```
import numpy as np
import matplotlib.pyplot as plt
a = np.array([[3, 2, 0], [1, -1, 0], [0, 5, 1]])
b = np.array([6, 8, 9])
x = linalg.solve(a, b)
#x 输出为一个数组分别为 x,y 和 z 的值
print(x)
```

结果如图 5.16 所示。

图 5.16　求解平方矩阵未知数

（2）计算矩阵行列式

det() 函数能够计算一个矩阵的行列式,矩阵的行列式是通过矩阵中的系数的算术运算得出的值,函数语法格式如下。

scipy.linalg.det(a,overwrite_a,check_finite)

计算矩阵行列式函数的参数说明见表 5.18。

表 5.18　计算矩阵行列式函数的参数说明

参数	描述
a	矩阵
overwrite_a	允许覆盖中的数据
check_finite	是否检查输入矩阵仅包含有限数。禁用可能会提高性能,但是如果输入中确实包含无穷大,则可能会导致崩溃

创建一个三行三列的矩阵将矩阵,带入 det() 函数求得该矩阵的行列式,代码 CORE0511 如下所示。

代码 CORE0511

```
from scipy import linalg
import numpy as np
A = np.array([[1,3,4],[4,8,7],[3,7,2]])
x = linalg.det(A)
print (x)
```

结果如图 5.17 所示。

图 5.17 计算矩阵行列式

（3）特征值和特征向量

特征值和特征向量是最常用的线性代数运算之一，可以通过 eig() 函数从广义特征值问题上计算特征值，并返回特征值和向量，语法格式如下。

scipy.linalg.eig(a,b,left,right,overwrite_a,overwrite_b,check_finite)

特征值和特征向量函数的参数说明见表 5.19。

表 5.19 特征值和特征向量函数的参数说明

参数	描述
a	复数或实数矩阵
b	右侧矩阵
left	是否计算并返回左特征向量。默认值为 False
right	是否计算并返回正确的特征向量。默认值为 True
overwrite_a	是否覆盖 a，可能会提高性能。默认值为 False
overwrite_b	是否覆盖 b，可能会提高性能。默认值为 False
check_finite	是否检查输入矩阵仅包含有限数。禁用可能会提高性能，但是如果输入中确实包含无穷大，则可能会导致崩溃

创建一个三行三列的矩阵，使用 eig 函数求出矩阵的特征值和响应的特征向量，代码 CORE0512 如下所示。

代码 CORE0512

```
from scipy import linalg
import numpy as np
#Declaring the numpy array
A = np.array([[1,3,4],[4,8,7],[3,7,2]])
# 将值传递给 eig 函数
l, v = linalg.eig(A)
# 打印特征值的结果
print (l)
# 打印特征向量的结果
print (v)
```

结果如图 5.18 所示。

图 5.18　特征值和特征向量

（4）奇异值分解

在机器学习领域中特征值分解和奇异值分解是最常用的两个方法，奇异值分解与特征值分解一样能够提取出一个矩阵中的重要特征，特征值分解只能够对方阵进行特征值的提取。例如某场比赛中选手 N 和成绩 M 不是一个方阵，特征值分解方法不能够描述这样的普通矩阵中的重要特征，而奇异值分解是一个能适用于任意矩阵的分解方法，svd() 函数能够将矩阵分解为两个酉矩阵"U"和"Vh"，以及一个奇异值（实数，非负）的一维数组"s"。奇异值分解语法格式如下。

> scipy.linalg.svd(a,full_matrices,compute_uv,check_finite,lapack_driver)

奇异值分解函数的参数说明见表 5.20。

表 5.20　奇异值分解函数的参数说明

参数	描述
a	分解矩阵
full_matrices	如果为 True（默认），U 和 Vh 的矩阵样式相同。如果为 False，则矩阵样式为 U 和 Vh 的和
compute_uv	是否计算 U 和 Vh 除 s。默认值为 True
check_finite	是否检查输入矩阵仅包含有限数。禁用可能会提高性能，但是如果输入中确实包含无穷大，则可能会导致崩溃

创建一个两行三列的矩阵，使用 svd() 函数求出酉矩阵"U"和"Vh"，以及奇异值，代码 CORE0513 如下所示。

```
代码 CORE0513

from scipy import linalg
import numpy as np
a = np.array([[-0.55,-0.48],[-0.50,0.96],[-0.34,-0.12]])
# 将值传递给 svd() 函数
U, s, Vh = linalg.svd(a)
# 打印结果
print (U,Vh,s)
```

结果如图 5.19 所示。

图 5.19　奇异值分解

6.ndimage 模块

SciPy 中的 ndimage 子模块主要用于对图像的处理,包括图像的输入输出、裁剪旋转、去噪锐化、图像分割等。原始图像需要加载为矩阵格式使用数据表示颜色的组合形式,然后 ndimage 会使用算法对矩阵中的数据进行处理。ndimage 常用函数见表 5.21。

表 5.21　ndimage 函数

函数	描述
rotate()	旋转数组函数
sobel()	Sobel 滤波器函数
gaussian_filter()	多维高斯滤波器函数
median_filter()	中值滤波器函数

（1）旋转数组函数

旋转数组函数,能够根据输入的矩阵参数的两个轴的平面对数据进行旋转,也就是对图片进行旋转,函数语法格式如下。

scipy.ndimage.rotate(input,angle,axes,reshape)

旋转数组函数的参数说明见表 5.22。

表 5.22　旋转数组函数的参数说明

参数	描述
input	输入数组
angle	旋转角度（以度为单位）
axes	定义旋转平面的两个轴。默认值为前两个轴
reshape	默认值为 True。调整输出形状,以使输入数组完全包含在输出中

加载一个 png 格式的图片,使用 rotate() 函数将图片旋转 30 度,并保存,代码 CORE0514 如下所示。

```
代码 CORE0514

from scipy import ndimage
import matplotlib.image as mpimg
import matplotlib.pyplot as plt
```

```
# 加载图片
face = mpimg.imread('./bolt_flash.png')
# 旋转图片
rotate_face = ndimage.rotate(face, 30)
plt.imshow(rotate_face)
plt.savefig('./newbolt_flash.png')
# 保存要显示的图片
plt.show()
```

原图如图 5.20 所示,旋转效果如图 5.21 所示。

图 5.20　原图

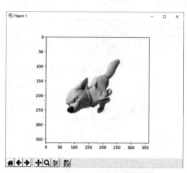

图 5.21　旋转后的图

(2)Sobel 滤波器函数

Sobel 滤波器函数常用于对图像的边缘检测,边缘检测技术能够通过检测亮度不连续性来查找图像内的物体边界,常用于图像处理、计算机视觉和机器视觉等领域的图像分割和数据提取。Sobel 滤波器函数语法格式如下。

```
scipy.ndimage.sobel(input,axis,output,mode,cval)
```

Sobel 滤波器函数的参数说明见表 5.23。

表 5.23　Sobel 滤波器函数的参数说明

参数	描述
input	输入数组
axis	用于计算的输入轴。默认值为 −1
output	放置输出的数组或返回数组的 dtype。默认情况下,将创建与输入相同 dtype 的数组

加载一个边界模糊的图片,使用 Sobel 滤波器函数将图片中的颜色根据亮度确定边界信息,代码 CORE0515 如下所示。

代码 CORE0515

```
from scipy import ndimage
import matplotlib.image as mpimg
import matplotlib.pyplot as plt
# 加载图片
face = mpimg.imread('./edge.png')
# 滤波
rotate_face = ndimage.sobel(face)
plt.imshow(rotate_face)
plt.savefig('./newedge.png')
# 保存要显示的图片
plt.show()
```

原图如图 5.22 所示，滤波效果如图 5.23 所示。

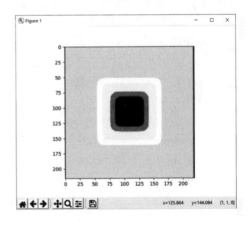

图 5.22　原图　　　　　　　　　　图 5.23　滤波后的图

（3）多维高斯滤波器函数

使用多维高斯滤波器函数可以对图像进行滤波操作，图像滤波是一种用来修改或增强图像的技术，能够在尽量保留图像特征的情况下对图像进行降噪操作，弱化或滤除图像的另一些特性，例如平滑、锐化、边缘增强等。多维高斯滤波器函数语法格式如下。

scipy.ndimage.gaussian_filter(input,sigma,order,output,mode,cval,truncate)

多维高斯滤波器函数的参数说明见表 5.24 所示。

表 5.24　多维高斯滤波器函数的参数说明

参数	描述
input	输入数组
sigma	标量或标量序列
order	int 或 int 序列，滤波器沿每个轴的顺序以整数序列或单个数字给出

参数	描述
output	数组或 dtype，放置输出的数组或返回数组的 dtype

加载一个 png 格式的图片，使用 gaussian_filter 方法对图片进行高斯模糊处理，标量设置为 1，代码 CORE0516 如下所示。

代码 CORE0516

```
from scipy import ndimage
import matplotlib.image as mpimg
import matplotlib.pyplot as plt
face = mpimg.imread('./bolt_flash.png')
face1 = ndimage.gaussian_filter(face, sigma=1)
plt.imshow(face1)
plt.show()
```

效果如图 5.24 所示。

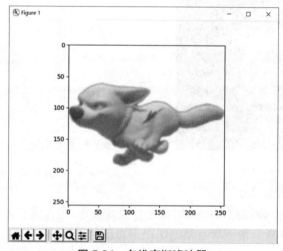

图 5.24　多维高斯滤波器

（4）中值滤波器函数

中值滤波是非线性数字滤波器技术，能够去除图像中或信号中的噪声。中值滤波是将数字图像或数字序列中的一个点的值用该点邻域中各点的中值代替，让与周围像素灰度值相差较大的像素改取与周围像素接近的值，达到消除噪声点的目的，该技术可以对图像进行较好的保护。中值滤波器函数语法格式如下。

scipy.ndimage.median_filter(input,size,footprint,output,mode,cval,origin)

中值滤波器函数的参数说明见表 5.25。

表 5.25　中值滤波器函数的参数说明

参数	描述
input	输入数组
size	标量或元组
footprint	阵列
output	数组或 dtype

加载一个带有噪声的图片,使用中值过滤器去除图片中噪声,设置标量值为 15,查看处理前后的图片效果,代码 CORE0517 如下所示。

代码 CORE0517

```
from scipy import ndimage
import matplotlib.image as mpimg
import matplotlib.pyplot as plt
# 加载图片
face = mpimg.imread('./Noise.jpg')
# 将图片带入 median_filter 函数
face1 = ndimage.median_filter(face, size=15)
plt.imshow(face1)
plt.show()
```

原图如图 5.25 所示,滤波效果如图 5.26 所示。

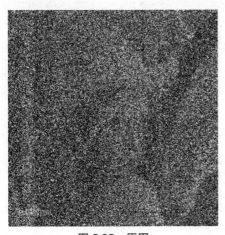

图 5.25　原图

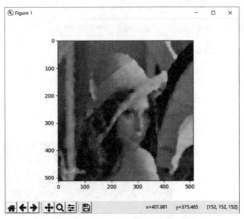

图 5.26　中值滤波器处理后的图

技能点三　统计函数

SciPy 中的所有统计函数都位于 stats 包中，并且可以使用 info(stats) 函数获得这些函数的完整列表。stats 模块中封装了多种概率分布的随机变量，主要有连续随机变量和离散随机变量两种，所有的连续随机变量都是 rv_continuous 的派生类的对象，而所有的离散随机变量都是 rv_discrete 的派生类的对象。常用的随机变量函数见表 5.26。

表 5.26　随机变量函数

随机变量对象	描述
rvs()	对随机变量取值
cdf()	随机变量的累计分布函数
sf()	生存函数
stats()	计算随机变量的期望值和方差
fit()	对一组随机采样进行拟合

（1）对随机变量取值

对随机变量取值可以使用 rvs() 函数，并且能够使用 size 控制生成随机变量的数量，代码 CORE0518 如下所示。

代码 CORE0518
from scipy.stats import sta rvsarray = sta.rvs(size = 10) print(rvsarray)

结果如 5.27 所示。

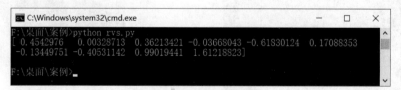

图 5.27　对随机变量取值

（2）随机变量的累计分布函数

生成随机变量的累计分布可以使用 cdf() 函数，有 cdf() 中传入一个连续的随机变量，并生成满足正态分布的连续随机变量，代码 CORE0519 如下所示。

代码 CORE0519

```
from scipy.stats import norm
import numpy as np
cdfarr = norm.cdf(np.array([2,1,4,3,6,5]))
print(cdfarr)
```

结果如图 5.28 所示。

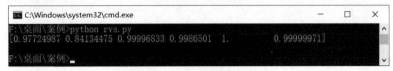

图 5.28　随机变量的累计分布

通过对以上知识的学习，了解了 SciPy 在数据分析方面的知识，为了巩固所学知识，通过以下几个步骤，使用 SciPy 完成对股票数据的分析。

第一步：获取数据。

用 SciPy 分析数据前，需要将数据从数据库或数据文件中读取到程序中，使用 np.loadtxt() 方法加载 sharesData.csv 数据文件并检查数据是否完整，代码 CORE0520 如下所示。

代码 CORE0520

```
import scipy
import pandas as pd
import scipy.cluster.hierarchy as sch
from scipy.cluster.vq import vq,kmeans,whiten
import numpy as np
import matplotlib.pylab as plt
from scipy.fftpack import fft, ifft
np.set_printoptions(suppress=True)
# 读取数据
dataset = np.loadtxt('sharesData.csv', delimiter=",")
dataset.dtype='float_'
#np 数组从 0 开始计算,第 0 维序号排除
points = dataset[:,1:6]
print("points:\n",points)
```

结果如图 5.29 所示。

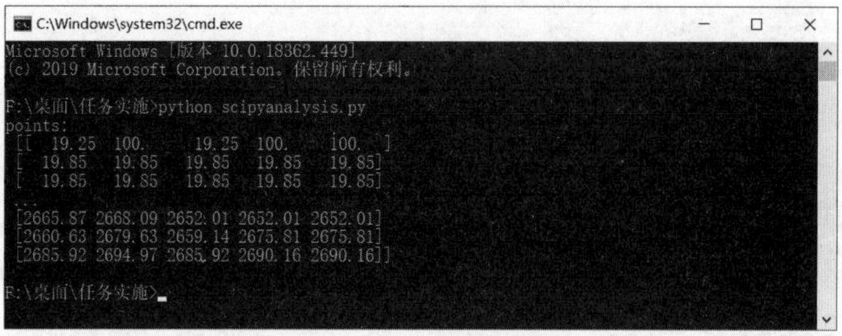

图 5.29 加载数据

第二步：使用 kmeans() 函数进行聚类。

将 sharesData.csv 文件中的观测值进行标准化，之后使用 kmeans() 函数进行聚类，代码 CORE0521 如下所示。

代码 CORE0521

# k-Means 聚类 	
# 将原始数据做归一化处理 	
data=whiten(points)
# 使用 kmeans() 函数进行聚类 	
centroid = kmeans(data,2)[0]
print(centroid)

结果如图 5.30 所示。

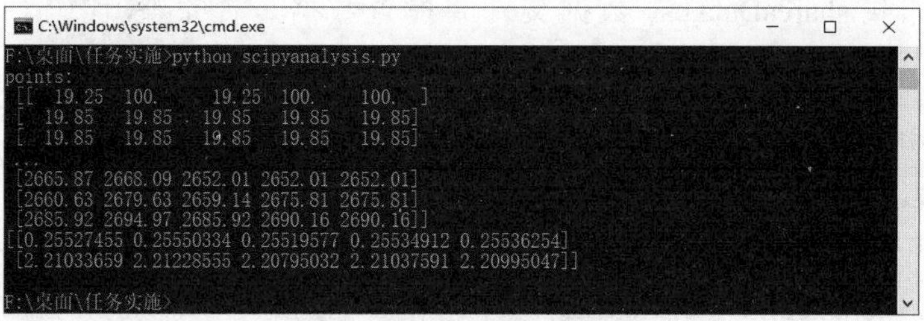

图 5.30 对数据进行聚类

第三步：对所有数据进行分类。

使用 vq 函数根据聚类对所有数据进行分类，获得分类结果后统计两个类中各包含多少观测值，代码 CORE0522 如下所示。

代码 CORE0522

# 使用 vq 函数根据聚类对所有数据进行分类 	
label=vq(data,centroid)[0]
num = [0,0]
for i in label:
   if(i == 0):
     num[0] = num[0] + 1

```
    else:
        num[1] = num[1] + 1
print('num =',num)
```

结果如图 5.31 所示。

图 5.31　分类数量

第四步：分类保存。

现在已经为数据创建了两个分类，0 分类中有 num[0] 个值，1 分组中有 num[1] 个值，分别创建两个数据存储分组结果，并分别保存到 a.csv 和 b.csv 中，代码 CORE0523 如下所示。

代码 CORE0523

```
# 根据分类将数据分别保存到 a.csv 和 b.csv
a = np.zeros(shape=(num[0],7))
b = np.zeros(shape=(num[1],7))
j=0
q=0
for i in range(len(label)):
    if label[i] == 0:
        a[j]=(dataset[i])
        j=j+1
    elif label[i] == 1:
        b[q]=(dataset[i])
        q=q+1
print('a=',a)
print('b=',b)
np.savetxt('b.csv',b,delimiter=",",fmt='%f')
np.savetxt('a.csv',a,delimiter=",",fmt='%f')
print('数据保存到 csv 文件中')
```

结果如图 5.32 所示。

第五步：傅里叶变换标准化数据。

通过以上步骤已经将数据根据相似度分为了两组，现在使用傅里叶变换能够将其转换为标准化的数据，代码 CORE0524 如下所示。

代码 CORE0524

```
# 傅里叶变换
```

```
ffta=fft(a)
fftb=fft(b)
print(' 标准化 a=',ffta)
print(' 标准化 b=',fftb)
```

结果如图 5.33 所示。

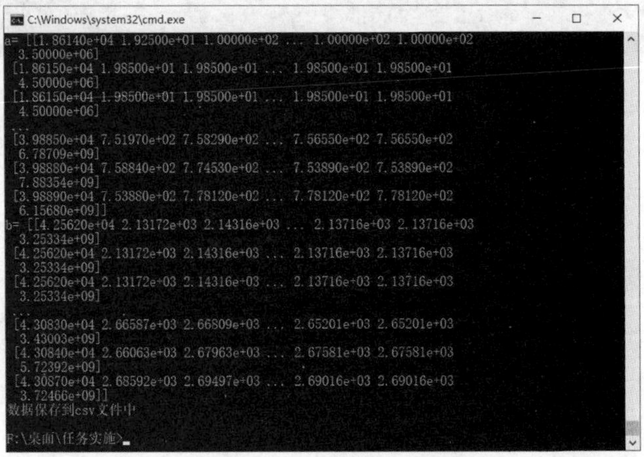

图 5.32 对数据分组

图 5.33 标准化

本项目通过 SciPy 实现股票数据的分析,对 SciPy 数据分析相关概念和模块的使用有所了解,对统计函数的使用有所了解并掌握,并能够通过所学的 SciPy 数据分析知识实现股票数据的分析。

check	检查	math	数学
finite	有限的	none	无
print	打印	overwrite	覆盖
array	阵列	range	范围
center	中心	kind	友善的

1. 选择题

（1）以下不属于 cluster 模块中包含的方法的是（   ）。

A.vq()　　　　　　B.whiten()　　　　　C.kmeans()　　　　　D.OBS()

（2）在 whiten 方法中用来传入数据集的参数是（   ）。

A.iter　　　　　　B.check_finite　　　　C.OBS　　　　　　D.code_book

（3）下列方法中包含常量的是（   ）。

A.cluster　　　　　B.constants　　　　　C.fftpack　　　　　D.linalg

（4）下列方法中返回任意类型序列 x 的离散余弦变换 / 逆离散余弦变换的是（   ）。

A.dct()/idct()　　　B.dst()/idst()　　　　C.fft()/ifft()　　　　D.fftn()/ifftn()

（5）系列方法中实现一维插值的方法是（   ）。

A.interp2d()　　　　B.interpld()　　　　C.splrep()　　　　　D.splev()

2. 简答题

（1）简述 ndimage 模块的主要功能。

（2）简述傅里叶变换。

项目六　sklearn 数据统计基础

　　通过对 sklearn 数据统计基础知识的学习，了解 sklearn 的相关概念，熟悉 sklearn 数据集的使用，掌握 sklearn 数据处理和特征提取，具有使用 sklearn 数据统计基础知识实现泰坦尼克号乘客信息数据集处理的能力，在任务实现过程中：

- 了解 sklearn 的相关知识；
- 熟悉 sklearn 数据集的简单使用；
- 掌握 sklearn 数据处理和特征提取等操作；
- 具有实现泰坦尼克号乘客信息数据集处理的能力。

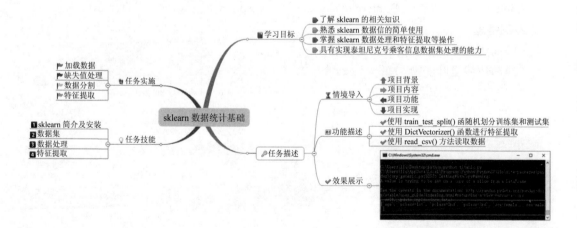

【情境导入】

随着信息的爆炸式增长,如何对数据进行分析成为最先面对的问题,而在了解如何进行数据分析后,怎么实现则是重中之重,Python sklearn 模块的出现,给数据分析人员带来了曙光,其极大地简化了数据分析的实现,只需使用相关函数即可,而在进行计算数据分析之前,还需进行数据的划分、规范化、数值化、特征提取等操作。本项目通过对 sklearn 数据统计基础知识的讲解,可实现泰坦尼克号乘客信息数据集的划分和特征提取。

【功能描述】

● 使用 train_test_split() 函随机划分训练集和测试集;
● 使用 DictVectorizer() 函数进行特征提取;
● 使用 read_csv() 方法读取数据。

【效果展示】

通过对本项目的学习,能够使用 sklearn 的数据处理及特征提取功能,完成泰坦尼克号乘客信息数据集的划分和字典特征提取等任务。效果如图 6.1 所示。

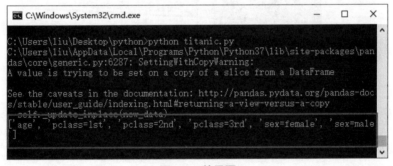

图 6.1　效果图

技能点一　　sklearn 简介及安装

1.sklearn 简介

sklearn 是 scikit-learn 的简称,是一个基于 NumPy、SciPy 和 Matplotlib 建立的用于数据挖掘和数据分析的工具,是 Python 的一个第三方模块,具有使用简单、计算效率高,且源码开放的特点,能够在各种环境中重复使用,其封装了常用的数据分析算法,如预处理、分类、回归、降维、聚类、模型选择等。

(1)预处理

预处理是数据分析过程中一个非常重要的环节,指数据的特征提取和归一化,其中,特征提取指将文本或图像数据转换为可用于数据分析的数字变量,如图 6.2 所示,sklearn 中常用预处理模块有 preprocessing、feature extraction 等。

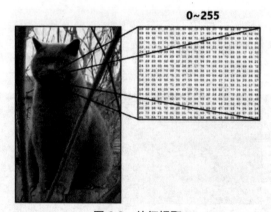

图 6.2　特征提取

(2)分类

分类即识别给定对象的所属类别,sklearn 中常用的模块有 SVM(支持向量机)、nearest neighbors(最近邻)、random forest(随机森林)等,应用场景有垃圾邮件识别、图像识别等。图像识别如图 6.3 所示。

(3)回归

回归即预测与给定对象相关联的连续值属性,sklearn 中常见的模块有 ridge regression(岭回归)、Lasso 等,常见的应用有药物反应预测、股票价格预测等。

(4)降维

降维即减少要考虑的随机变量的数量,sklearn 中常见的模块有 PCA(主成分分析)、

feature selection（特征选择）、non-negative matrix factorization（非负矩阵分解）等。

图 6.3　图像识别

（5）聚类

聚类即自动识别具有相似属性的给定对象，并将其分组为集合，sklearn 中常用的模块有 k-Means、spectral clustering、mean-shift 等，常见的应用有客户细分、实验结果分组。客户细分如图 6.4 所示。

图 6.4　客户细分

（6）模型选择

模型选择即比较、验证、选择给定参数和模型，主要用于精度的提高，sklearn 中常用的模块有 grid search（网格搜索）、cross validation（交叉验证）、metrics（度量）。

sklearn 提供了各种各样的算法模块，面对这些算法模块，如何选择成为首要问题，因此，sklearn 官方根据项目需求以及数据量的大小提供了一个算法选择的引导图，如图 6.5 所示。

2.sklearn 数据分析流程

学习 sklearn 实现数据分析的流程是非常有必要的，只有了解分析流程，才能根据流程一步一步通过 sklearn 提供的知识实现数据的分析。使用 sklearn 进行数据的分析非常简单，只需少量步骤即可实现，步骤如图 6.6 所示。

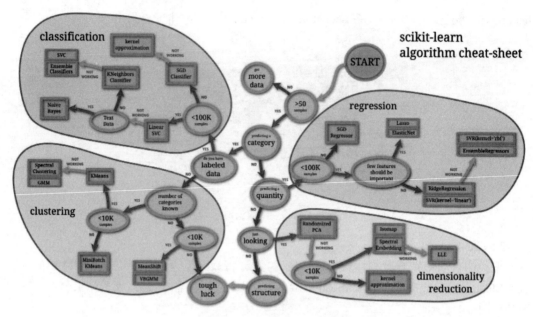

图 6.5　算法选择引导图

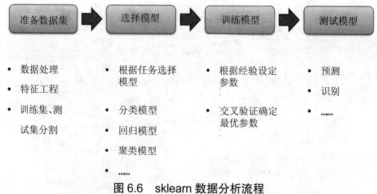

图 6.6　sklearn 数据分析流程

（1）准备数据集

此阶段为 sklearn 数据分析流程的准备阶段，主要工作是加载数据集并进行数据集中数据的处理、分割等。

（2）选择模型

此阶段开始正式工作，根据项目需求选择合适的模型（相当于算法）用于之后对数据集中的数据进行计算。

（3）训练模型

此阶段即训练阶段，计算数据集中的数据，从数据集中发现规律。

（4）模型测试

通过使用训练阶段发现的规律进行预测、识别等。

3.sklearn 安装

sklearn 的安装非常简单，包括 pip 安装、wheel 文件安装和源码安装，本书选用 wheel 文件方式进行安装,但 sklearn 在安装之前,需要安装 NumPy、SciPy、Matplotlib 等相关的依赖库,具体步骤如下。

第一步:找到 sklearn 的 wheel 文件地址 https://www.lfd.uci.edu/~gohlke/pythonlibs/,如图 6.7 所示。

图 6.7　sklearn 的 wheel 文件地址

第二步:找到与 Python 相对应的版本,这里选择"scikit_Learn-0.22.1-cp37-cp37m-win-and64.whl",之后点击该链接进行下载,效果如图 6.8 所示。

第三步:sklearn 的 wheel 文件下载完成后,打开命令窗口并进入该文件所在目录,效果如图 6.9 所示。

第四步:在命令窗口输入"pip install scikit_Learn-0.22.1-cp37-cp37m-win-and64.whl"安装命令即可实现 sklearn 的安装,效果如图 6.10 所示。

第五步:进入 Python 交互式命令行,输入"import sklearn"代码,没有出现错误说明 sklearn 库安装成功,效果如图 6.11 所示。

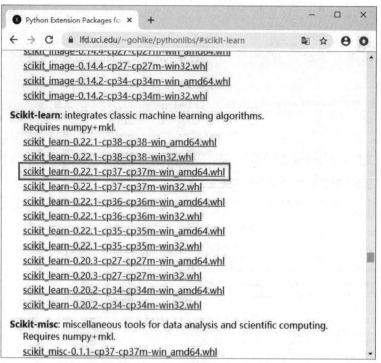

图 6.8　sklearn 的 wheel 文件下载

图 6.9　打开命令窗口并进入 sklearn 的 wheel 文件目录

图 6.10　sklearn 安装

图 6.11　验证 sklearn 安装成功

技能点二　数据集

1. 通用数据集

通用数据集即 sklearn 自带的小数据集，能够很方便地为 sklearn 进行各个模型的训练提供支持，返回字典类型的 bunch 对象，sklearn 部分通用数据集见表 6.1。

表 6.1　sklearn 部分通用数据集

名称	数据包
鸢尾花数据集	load_iris()
手写数字数据集	load_digits()
波士顿房价数据集	load-boston()
乳腺癌数据集	load-barest-cancer()
糖尿病数据集	load-diabetes()
体能训练数据集	load-linnerud()

（1）鸢尾花数据集

鸢尾花数据集主要用于进行分类测试，其包含 150 条数据，可以分为 3 个类别，每个类别有 50 个样本，而每个样本存在 4 个特征，即 Sepal.Length（花萼长度）、Sepal.Width（花萼宽度）、Petal.Length（花瓣长度）、Petal.Width（花瓣宽度）。鸢尾花数据集的获取主要通过 load_iris() 函数实现，之后通过相关属性或函数进行具体数据信息的获取，鸢尾花数据集的常用属性或函数见表 6.2 所示。

表 6.2　鸢尾花数据集的常用属性或函数

属性或函数	描述
iris.data	样本数据
iris.feature_names	样本对应的每个特征的意义
iris.target_names	3 种鸢尾花数据的具体名字

属性或函数	描述
iris.target	每个样本对应的标签
iris.keys()	查看数据集包含属性
iris[" 属性 "]	查看数据集相关信息,与以上相对应的属性作用相同

其中,iris.keys() 函数可以查看的各个属性见表 6.3。

表 6.3　iris.keys() 函数获取的部分属性

属性	描述
data	样本数据
target	每个样本对应的标签
target_names	3 种鸢尾花数据的具体名字
DESCR	数据集描述
feature_names	样本对应的每个特征的意义
filename	数据集所在路径

使用 load_iris() 函数加载鸢尾花数据集并通过属性或函数获取具体信息,代码 CORE0601 如下所示。

代码 CORE0601

```
# 导入模块
from sklearn import datasets
# 加载数据集
iris = datasets.load_iris()
# 鸢尾花数据集
print(iris)
# 查看数据集包含属性
print(iris.keys())
# 查看数据集描述
print(iris["DESCR"])
# 样本对应的每个特征的意义
print(iris.feature_names)
# 3 种鸢尾花数据的具体名字
print(iris.target_names)
# 样本数据
print(iris.data)
```

```
# 每个样本对应的标签
print(iris.target)
```

效果如图 6.12 所示。

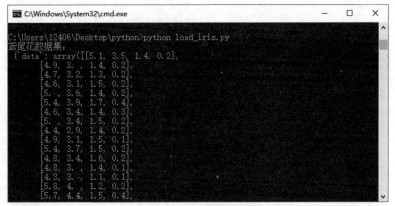

图 6.12　鸢尾花数据集操作

（2）波士顿房价数据集

波士顿房价数据集主要用于进行回归任务，其包含多个类别，每个类别的观察值数量相同，共 13 个变量、1 个输出变量以及 508 个观察值，并且每条数据包含城镇犯罪率、一住宅平均房间数、自住房平均房价等房屋以及房屋周边的详细信息。波士顿房价数据集的获取主要通过 load_boston() 函数实现，之后通过相关属性或函数进行具体数据信息的获取，波士顿房价数据集的常用属性或函数见表 6.4。

表 6.4　波士顿房价数据集的常用属性或函数

属性或函数	描述
boston.keys()	属性查看
boston.data	获取数据
boston.target	每个样本对应的标签
boston.feature_names	样本对应的每个特征的意义
boston.DESCR	查看数据集的描述、作者、数据来源等

其中，boston.keys() 函数返回的各个属性，见表 6.5。

表 6.5　boston.keys() 函数获取的部分属性

属性	描述
data	样本数据
target	每个样本对应的标签
DESCR	数据集描述

属性	描述
feature_names	样本对应的每个特征的意义

使用 boston_digits() 函数加载波士顿房价数据集并通过属性或函数获取具体信息，代码 CORE0602 如下所示。

代码 CORE0602

```
# 导入模块
from sklearn import datasets
# 加载数据集
boston = datasets.load_boston()
# 手写数字数据集
print(boston)
# 查看数据集包含属性
print(boston.keys())
# 查看数据集描述
print(boston["DESCR"])
# 获取样本数据
print(boston.data)
# 获取样本对应的标签
print(boston.target)
# 样本对应的每个特征的意义
print(boston.feature_names)
```

效果如图 6.13 所示。

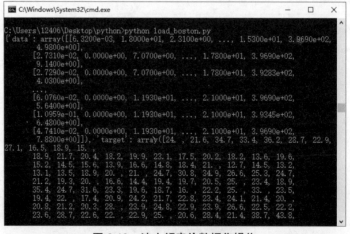

图 6.13 波士顿房价数据集操作

2. 自定义数据集

在 sklearn 中,自定义数据集还是非常必要的,其能够根据分析需求进行数据集的生成,用来回归任务和聚类任务等。sklearn 为数据集的创建提供了大量函数,其中,较为常用的见表 6.6。

表 6.6　自定义数据集的常用函数

函数	描述
make_blobs()	聚类模型随机数据
make_regression()	回归模型随机数据
make_classification()	分类模型随机数据

（1）make_blobs()

make_blobs() 函数能够随机生成用于聚类算法的测试数据集,make_blobs() 函数在使用时非常简单,只需对相应参数进行设置即可自定义特征数量、样本数量、类别数量等信息,常用参数见表 6.7。

表 6.7　make_blobs() 函数的常用参数

参数	描述
n_samples	样本的总数,默认值为 100
n_features	每个样本的特征数,默认值为 2
centers	类别数,默认值为 3
cluster_std	每个类别的方差,默认值为 1.0,如果设置多个,可设置为 [1.0,3.0]
center_box	取值范围,默认为 (-10.0, 10.0)

使用 make_blobs() 函数创建数据集,代码 CORE0603 如下所示。

```
代码 CORE0603
# 导入模块
from sklearn import datasets
# 样本数为 100、每个样本特征为 2、类别数为 3
make_blobs = datasets.make_blobs(n_samples=100,n_features=2,centers=3)
# 查看数据集
print(make_blobs)
```

效果如图 6.14 所示。

（2）make_regression()

make_regression() 函数能够随机生成用于回归算法的测试数据集,其使用方式与 make_blobs() 函数相同,不同之处在于数据的取值范围以及包含参数, make_regression() 函数常用参数见表 6.8。

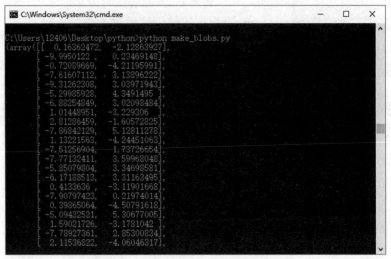

图 6.14　make_blobs() 函数生成数据集

表 6.8　make_regression() 函数的常用参数

参数	描述
n_samples	样本的总数，默认值为 100
n_features	每个样本的特征数，默认值为 100
n_informative	多信息特征的个数，默认值为 10
n_targets	回归目标的数量，默认值为 1
bias	基础线性模型中的偏差项，默认值为 0
noise	应用于输出的高斯噪声的标准偏差，默认值为 0

使用 make_regression() 函数创建数据集，代码 CORE0604 如下所示。

代码 CORE0604

```
# 导入模块
from sklearn import datasets
# 样本数为 100、特征属性和标签为 1、噪声为 1
make_regression=datasets.make_regression(n_samples=100,n_features=1,n_targets=1,noise=1)
# 查看数据集
print(make_regression)
```

效果如图 6.15 所示。

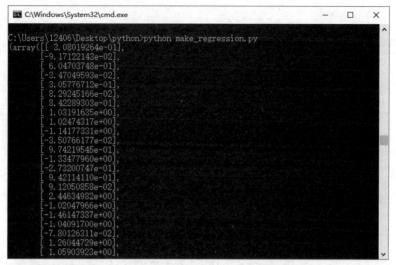

图 6.15　make_regression() 函数生成数据集

（3）make_classification()

make_classification() 函数能够随机生成用于分类算法的测试数据集,与 make_blobs() 函数相比,最大的不同之处在于 make_blobs() 函数可以自定义取值范围,而 make_classification() 函数只能生成 -3 到 3 之间的数值,除此之外,两个函数包含的参数也存在部分差异,常用参数见表 6.9。

表 6.9　make_classification() 函数的常用参数

参数	描述
n_samples	样本的总数,默认值为 100
n_features	每个样本的特征数,默认值为 20
n_informative	多信息特征的个数,默认值为 2
n_redundant	冗余信息,默认值为 2
n_repeated	重复信息,默认值为 0
n_classes	分类类别,默认值为 2
random_state	是否每次生成的数据都一致,默认值为 None

使用 make_classification() 函数创建数据集,代码 CORE0605 如下所示。

代码 CORE0605
# 导入模块
from sklearn import datasets
# 样本数为 100、特征数为 20、冗余信息为 2、重复信息为 0、分类类别为 2
make_classification=datasets.make_classification(n_samples=100,n_features=20,n_infor-mative=2,n_redundant=2,n_repeated=0, n_classes=2)

```
# 查看数据集
print(make_classification)
```

效果如图 6.16 所示。

图 6.16　make_classification() 函数生成数据集

3. 在线数据集

在线数据集，即放在网络上免费提供使用的数据集，相比于通用数据集，数据量较大，但加载数据时存在网络延迟，可通过使用 datasets.get_data_home() 函数获取在线数据集下载目录，常用的在线数据集见表 6.10 所示。

表 6.10　常用的在线数据集

数据集	函数
20 类新闻文本数据集	fetch_20newsgroups()
加利福尼亚房价数据集	fetch_california_housing()
野外带标记人脸数据集	fetch_lfw_people()
Olivetti 人脸数据集	fetch_olivetti_faces()
rcvl 多标签数据集	fetch_rcvl()

（1）20 类新闻文本数据集

该数据集中主要包含了关于 20 个话题的 18000 条新闻报道，这些数据被分为训练集和测试集两个子集，可通过设置 fetch_20newsgroups() 函数包含的相关参数实现，除了子集选择参数外，还包含多个参数，其中，较为常用的参数见表 6.11。

表 6.11　fetch_20newsgroups() 函数的常用参数

参数	描述
data_home	为数据集指定一个下载和缓存的文件夹

参数	描述
subset	选择要加载的数据集，train 为训练集，test 为测试集，all 加载全部
categories	选择加载类别
shuffle	是否对数据集进行排序
remove	需要被删除的内容，headers 新闻组标题，footers 帖子末尾类似于签名的部分，quotes 被其他帖子引用了的行

使用 fetch_20newsgroups() 函数加载数据集，代码 CORE0606 如下所示。

代码 CORE0606

```
# 导入模块
from sklearn import datasets
# 加载数据集
fetch_20newsgroups = datasets.fetch_20newsgroups()
# 查看数据集
print(fetch_20newsgroups)
```

效果如图 6.17 所示。

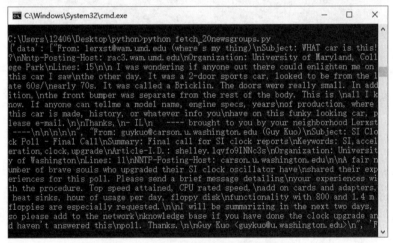

图 6.17　加载 20 类新闻文本数据集

（2）加利福尼亚房价数据集

该数据集总共 20640 条数据，包含 9 个变量，即目标变量平均房屋价值以及输入变量平均收入、房屋平均年龄、平均房间数量、平均卧室数量、人口、平均占用、纬度和经度。该数据集可通过 fetch_california_housing() 函数进行获取，其包含的常用参数见表 6.12。

表 6.12　fetch_california_housing() 函数的常用参数

参数	描述
data_home	为数据集指定一个下载和缓存的文件夹
download_if_missing	数据在本地不可用，是否尝试从源站点下载数据
return_X_y	返回数据形式，False 时，返回 Bunch 对象，True 时，返回 (data.data, data.target)

使用 fetch_california_housing() 函数加载数据集，代码 CORE0607 如下所示。

代码 CORE0607

```
# 导入模块
from sklearn import datasets
# 加载数据集
fetch_california_housing = datasets.fetch_california_housing()
# 查看数据集
print(fetch_california_housing)
```

效果如图 6.18 所示。

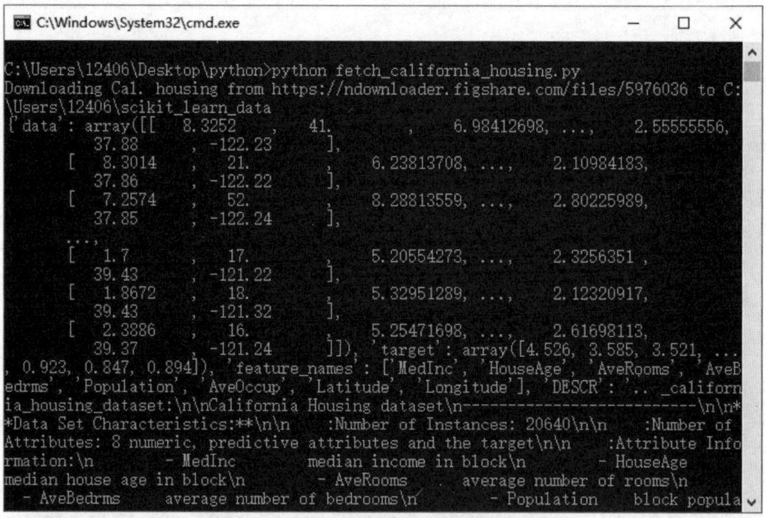

图 6.18　加载加利福尼亚房价数据集

技能点三　数据处理

1. 数据集划分

在获取到数据后，除了需要对数据中包含的缺失值、异常值等进行处理外，还需要将数据集划分为训练集和测试集，为后期模型的训练和测试提供支持。sklearn 的 model_selection 模块提供了一个 train_test_split() 函数, 能够将样本集合随机划分为训练集和测试集, 提供了多个参数, 其中较为常用的参数见表 6.13。

表 6.13　train_test_split() 函数的常用参数

参数	描述
X	样本数据
y	样本对应的特征
test_size	当值在 0~1 时, 表示测试集样本数目与原始样本数目之比; 值为整数时, 则表示测试集样本的数目
random_state	随机数种子

划分完成后, 会将划分好的数据集合和特征返回, 返回的参数见表 6.14。

表 6.14　train_test_split() 函数的返回参数

参数	描述
X_train	划分出的训练集数据
X_test	划分出的测试集数据
y_train	划分出的训练集标签
y_test	划分出的测试集标签

使用 train_test_split() 函数进行鸢尾花数据集的划分, 代码 CORE0608 如下所示。

```
代码 CORE0608
# 导入模块
from sklearn import datasets
from sklearn import model_selection
# 加载数据集
iris = datasets.load_iris()
# 划分数据集
X_train, X_test, y_train, y_test = model_selection.train_test_split(iris.data, iris.target, test_
size=0.2, random_state=22)
# 训练集样本大小
print(X_train.shape)
# 训练集标签大小
print(y_train.shape)
# 测试集样本大小
print(X_test.shape)
# 测试集标签大小
```

```
print(y_test.shape)
```

效果如图 6.19 所示。

图 6.19　数据集划分

2. 数据规范化

为了避免量纲不同、自身变异或者数值相差较大而引起的误差，sklearn 提供零—均值标准化、归一化等方法，其中，零—均值标准化也叫标准差标准化，可以通过 preprocessing 模块的 StandardScaler() 函数结合转换函数使其发生作用，常用的转换函数见表 6.15。

表 6.15　常用的转换函数

函数	描述
fit(X)	计算数据
transform(X)	转换数据，需要与 fit(X) 组合使用
fit_transform(X)	先计算数据，之后转换数据

转换完成后，可以通过 StandardScaler() 函数包含的属性进行相关信息的查看，部分属性见表 6.16。

表 6.16　StandardScaler() 函数的部分属性

属性	描述
scale_	缩放比例或标准差
mean_	特征平均值
var_	特征方差
n_samples_seen_	样本数量

使用 StandardScaler() 函数及其方法和属性实现数据的零—均值标准化，代码 CORE0609 如下所示。

代码 CORE0609
导入模块

```
from sklearn import preprocessing
import numpy as np
# 创建数组
X=np.array([[ 1., -1., 3.],[ 2., 4., 2.],[ 4., 6., -1.]])
# 生成 StandardScaler 对象
scaler = preprocessing.StandardScaler()
# 计算训练数据的均值和方差
print (scaler.fit(X))
# 查看样本数量
print(scaler.n_samples_seen_ )
# 查看特征平均值
print(scaler.mean_ )
# 查看特征方差
print(scaler.var_ )
# 查看缩放比例或标准差
print(scaler.scale_ )
# 将训练数据转换成标准的正态分布
print(scaler.transform(X))
# 计算训练数据的均值和方差，并用均值和方差将训练数据转换成标准的正态分布
print(scaler.fit_transform(X))
```

效果如图 6.20 所示。

图 6.20　零—均值标准化

归一化也叫离差标准化,可以通过 preprocessing 模块的 MinMaxScaler() 函数包含的相关方法实现,其使用方式与 StandardScaler() 函数相同,同样需要结合表 6.15 中包含的转换函数,之后通过 MinMaxScaler() 函数包含的属性进行相关信息的查看,部分属性见表 6.17。

表 6.17　MinMaxScaler() 函数的部分属性

属性	描述
scale_	缩放比例
data_min_	最小值
data_max_	最大值

使用 MinMaxScaler() 函数及其方法和属性实现数据的归一化,代码 CORE0610 如下所示。

```
代码 CORE0610

# 导入模块
from sklearn import preprocessing
import numpy as np
# 创建数组
X=np.array([[ 1., -1., 3.],[ 2., 4., 2.],[ 4., 6., -1.]])
# 生成 StandardScaler 对象
mini_max_scaler = preprocessing.MinMaxScaler()
# 计算训练数据的最小值和最大值
print(mini_max_scaler.fit(X) )
# 查看缩放比例
print(mini_max_scaler.scale_ )
# 查看最小值
print(mini_max_scaler.data_min_)
# 查看最大值
print(mini_max_scaler.data_max_)
# 将训练数据转换成包含 0 和 1 的 0 到 1 之间的数值
print(mini_max_scaler.transform(X))
# 计算训练数据的最小值和最大值,并将训练数据转换成包含 0 和 1 的 0 到 1 之间
的数值
print(mini_max_scaler.fit_transform(X))
```

效果如图 6.21 所示。

3. 数据数值化

在获取的数据集中,不可避免地会存在没有实际意义、非数字类型等不能用于数据分析的数据,如男女性别的转换。sklearn 为实现数据的数值化操作提供了多种函数,其中,较为

常用的函数见表 6.18。

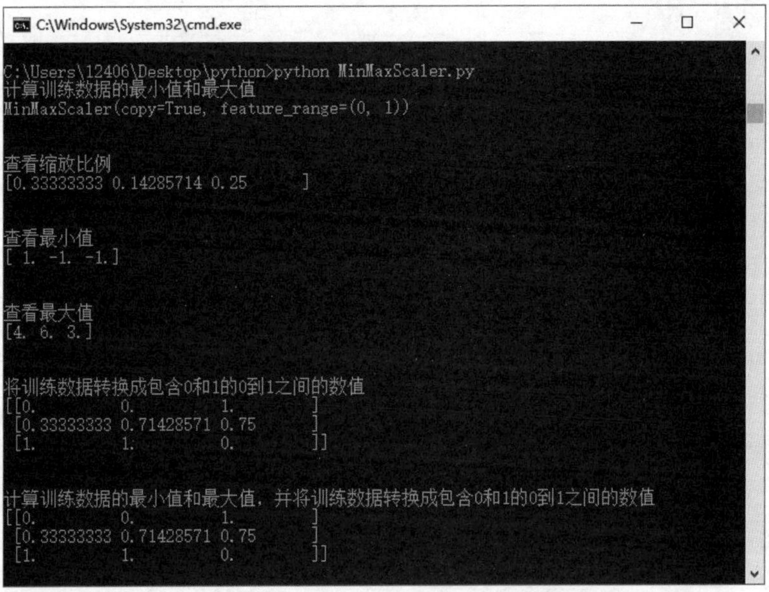

图 6.21　归一化

表 6.18　常用的数值化操作函数

函数	描述
Binarizer()	将数据转换为布尔值
LabelEncoder()	将数据转换为整数值
OneHotEncoder()	对数据进行编码

（1）Binarizer()

Binarizer() 函数主要用于数据二值化,即能够通过指定数值将数据集中的数据转换成布尔类型的值（0 或 1）,当小于或等于指定数值时,将数据转换为 0,大于时,则转换为 1。需要注意的是,Binarizer() 函数只能对数值型数据进行处理,并且数据必须为二维数组,另外,其需要结合表 6.15 中包含的转换函数才能发挥作用。Binarizer() 函数的常用参数见表 6.19。

表 6.19　Binarizer() 函数的常用参数

参数	描述
threshold	转换时需要使用的数值,默认值为 0
copy	是否修改原数据

使用 Binarizer() 函数将数据转换为布尔值,大于 2 的数据变为 1,小于或等于 2 的变为

0，代码 CORE0611 如下所示。

代码 CORE0611
# 导入模块
from sklearn import preprocessing
import numpy as np
# 创建数组
X=np.array([[1., -1., 3.],[2., 4., 2.],[4., 6., -1.]])
print (X)
# 设置转换时需要使用的数值为 2
Binarizer = preprocessing.Binarizer(threshold=2)
# 计算数据
print(Binarizer.fit(X))
# 转换数据
print(Binarizer.transform(X))

效果如图 6.22 所示。

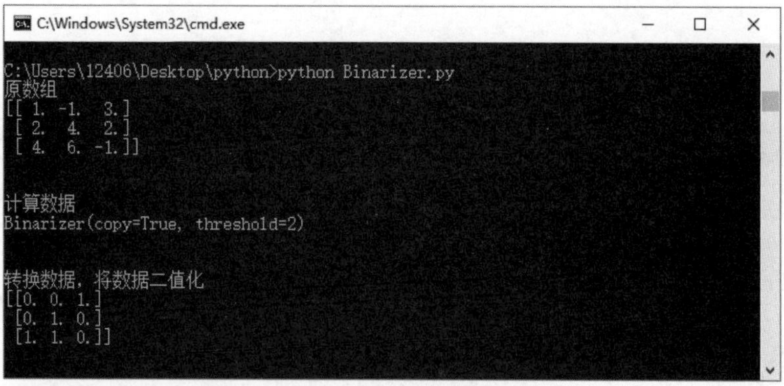

图 6.22　数据二值化

（2）LabelEncoder()

LabelEncoder() 函数主要用于数据数字化，即可以将数据集中的非数值型或数值型数据转换为整数值并按照一定比例进行压缩，例如，将高、中、低三个等级转换为 0、1、2。需要注意的是，LabelEncoder() 函数只能处理一维数组。LabelEncoder() 的使用非常简单，不需要通过任何参数，只需结合表 6.15 中的转换函数发挥作用即可。使用 LabelEncoder() 函数将数据转换为整数值，代码 CORE0612 如下所示。

代码 CORE0612
# 导入模块
from sklearn import preprocessing
import numpy as np

```
import pandas as pd
# 创建数组
X=pd.DataFrame(np.array([[1.,"a",3.],["b",4.,"c"],[4.,6.,"d"]]),columns=['A','B','C'])
print (X)
# 数据整数化
LabelEncoder = preprocessing.LabelEncoder()
# 对第一列数据进行计算并转换
print(LabelEncoder.fit_transform(X.A))
```

效果如图 6.23 所示。

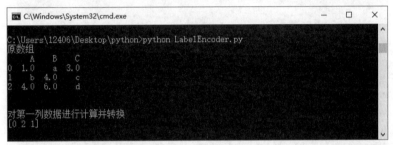

图 6.23　数据整数化

（3）OneHotEncoder()

OneHotEncoder() 函数可以将分类特征的每个元素转化为一个可以用来计算的值，也可以认为是通过一组编码表示元素所在的位置。需要注意的是，OneHotEncoder() 函数只能对数值型的二维数组进行处理，并结合表 6.15 中的转换函数发挥作用。OneHotEncoder() 函数的常用参数见表 6.20 所示。

表 6.20　OneHotEncoder() 函数的常用参数

参数	描述
sparse	是否产生稀疏矩阵，默认为 True，可以通过 toarray() 方法将其转换为数组形式
dtype	数据的输出类型

使用 OneHotEncoder() 函数给数据进行编码，代码 CORE0613 如下所示。

代码 CORE0613

```
# 导入模块
from sklearn import preprocessing
import numpy as np
# 创建数组
X=np.array([[1],[2],[3],[4]])
print (X)
```

```
# 数据编码
OneHotEncoder = preprocessing.OneHotEncoder(sparse=False)
# 计算数据
print(OneHotEncoder.fit(X) )
# 转换数据
print(OneHotEncoder.transform([[2],[3],[1],[4]]))
```

效果如图 6.24 所示。

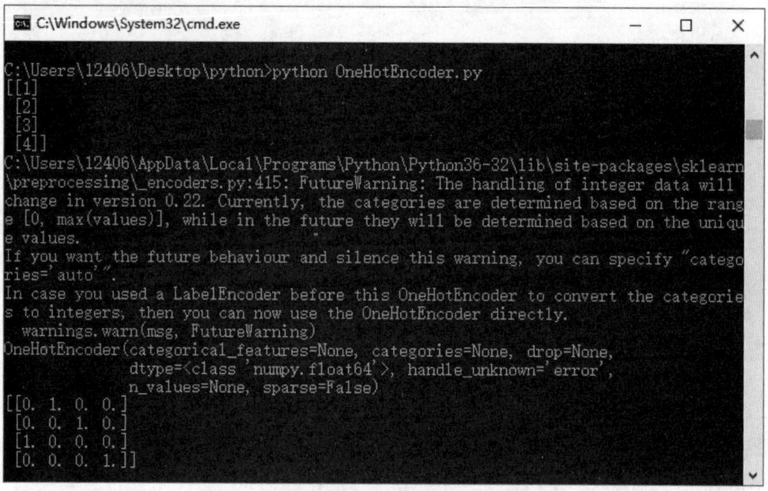

图 6.24　数据编码

通过图 6.24 可以看出,原数组"[[1],[2],[3],[4]]"为四行一列,需要编码的数组"[[2],[3],[1],[4]]"同样为四行一列,通过对比原数组可以得到编码数组所在的位置编码,即"[2]"在原数组的位置为第二行,编码为"[0. 1. 0. 0.]";"[3]"在原数组的位置为第三行,编码为"[0. 0. 1. 0.]";"[1]"在原数组的位置为第一行,编码为"[1. 0. 0. 0.]";"[4]"在原数组的位置为第四行,编码为"[0. 0. 0. 1.]"。

技能点四　特征提取

特征提取与数据处理中的数值化比较类似,其能够将任意数据转化为被计算机很好理解的数据,根据数据类型的不同,可以分为字典特征提取、文本特征提取、图形特征提取等。

1. 字典特征提取

字典在 Python 中是一类容易理解的常用存储方式,但在 sklearn 中,使用的是一维或多维数组的方式,因此, sklearn 的 feature_extraction 模块提供了一个 DictVectorizer() 函数,能够将非数字化但是具有一定结构的对象(如字典)使用 0、1 进行表示,而数值型数据则维持原值。DictVectorizer() 函数的使用非常简单,只需设置参数初始化函数后,通过转换函数发挥作用并使用其他方法进行相关内容的获取,常用的参数见表 6.21。

表 6.21 DictVectorizer() 函数的常用参数

参数	描述
sparse	是否产生稀疏矩阵,默认为 True,可以通过 toarray() 方法将其转换为数组形式
dtype	数据的输出类型
get_feature_names()	查看各个维度的特征含义

使用 DictVectorizer() 函数实现字典特征的提取,代码 CORE0614 如下所示。

代码 CORE0614

```
# 导入模块
from sklearn import feature_extraction
# 创建字典类型数组
data = [{'city': ' 北京 ', 'temperature': 100},
        {'city': ' 上海 ', 'temperature': 60},
        {'city': ' 深圳 ', 'temperature': 30}]
# 原数组
print (data)
# 特征提取
DictVectorizer = feature_extraction.DictVectorizer(sparse=False)
# 计算数据并转换数据
data_new = DictVectorizer.fit_transform(data)
# 输出转换后数据
print(data_new)
# 获取特征名称
print(DictVectorizer.get_feature_names())
```

效果如图 6.25 所示。

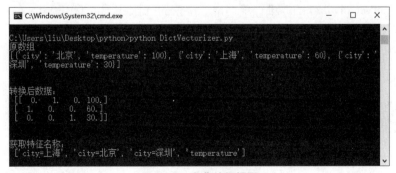

图 6.25 字典特征提取

2. 文本特征提取

文本数据同样是一种经常使用的数据格式,这些数据并不能直接进行计算,因此,sklearn 提供了多个文本数据转换的函数,其主要包含在 feature_extraction 模块的 text 下,常用的文本转换函数见表 6.22。

表 6.22　常用的文本转换函数

函数	描述
CountVectorizer()	转换为 token 计数矩阵
TfidfVectorizer()	转换为 TF-IDF 特征矩阵

（1）CountVectorizer()

CountVectorizer() 函数会先将文本数据中包含的词汇进行编码,然后进行单词出现次数的统计,之后构成一个二维数组,每一行表示一个文本的词频统计结果,CountVectorizer() 函数在使用时同样需要与转换函数结合使用,其常用的参数见表 6.23 所示。

表 6.23　CountVectorizer() 函数的常用参数

参数	描述
decode_error	设置编码格式,遇到不能解码的字符将报 UnicodeDecodeError 错误
stop_words	设置停用词
token_pattern	表示 token 的正则表达式
max_df	设置最大词频数
min_df	设置最小词频数
max_features	对所有关键词的词频进行降序排序
toarray()	转换为稀疏矩阵
get_feature_names()	获取所有词语
vocabulary_	查看编码后的词语

使用 CountVectorizer() 函数进行单词出现次数的统计,代码 CORE0615 如下所示。

```
代码 CORE0615

# 导入模块
from sklearn import feature_extraction
# 创建文本数据
texts=["orange banana apple grape","banana apple apple","grape", 'orange apple']
# 原数据
print (texts)
# 单词出现次数统计
```

```
CountVectorizer = feature_extraction.text.CountVectorizer()
# 计算数据并转换数据
data_new = CountVectorizer.fit_transform(texts)
# 输出转换后数据
print(data_new)
# 转换为稀疏矩阵
print(data_new.toarray())
```

效果如图 6.26 所示。

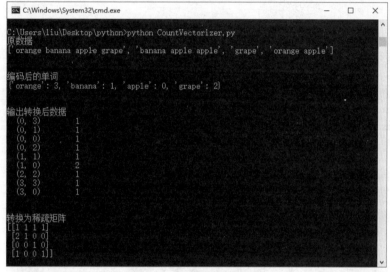

图 6.26　单词出现次数统计

通过图 6.26 出现次数的统计效果可以看出，转换后的数据中"(0,3) 1"，其中，0 表示原数据的第一行"orange banana apple grape"，3 表示编码后单词"orange"的编码，1 表示单词"orange"在原数据第一行"orange banana apple grape"中出现的次数。而稀疏矩阵中，数据代表单词出现的次数，其主要根据编码后单词（apple banana grape orange）从小到大的顺序进行对比，由于第一行每个单词都存在，因此为"1 1 1 1"，第二行存在 2 个"apple"和 1 个"banana"，因此为"2 1 0 0"，之后依次类推。

（2）TfidfVectorizer()

TfidfVectorizer() 函数能够基于 TF-IDF 算法对词语重要程度进行评估，其不仅需要考虑词汇出现的频率，还要关注这个词汇的所有文本的数量，能够削减没有意义的高频词汇出现带来的影响。TfidfVectorizer() 函数同样需要与转换函数结合使用，其常用参数与 Count-Vectorizer() 函数相同，只有一些不常用的参数存在不同。使用 TfidfVectorizer() 函数评估词语的重要程度，代码 CORE0616 如下所示。

代码 CORE0616

导入模块

```
from sklearn import feature_extraction
# 创建文本数据
texts=["orange banana apple grape","banana apple apple","grape", 'orange apple']
# 原数据
print (texts)
# 词频统计
TfidfVectorizer = feature_extraction.text.TfidfVectorizer()
# 计算数据并转换数据
data_new = TfidfVectorizer.fit_transform(texts)
# 编码后的单词
print(TfidfVectorizer.vocabulary_)
# 输出转换后数据
print(data_new)
# 转换为稀疏矩阵
print(data_new.toarray())
```

效果如图 6.27 所示。

图 6.27   词语重要程度评估

通过上面的学习,掌握了 sklearn 提供的数据集、数据处理以及特征提取等知识,通过以下几个步骤,完成对泰坦尼克号乘客信息数据集的划分、规范化、数值化等操作。

第一步：导入数据。

使用 Pandas 模块提供的 read_csv() 方法读取泰坦尼克号乘客信息数据，之后通过 head()、info() 和 describe() 方法分别进行前几行乘客数据、数据基本信息和特征常用统计量的查看，代码 CORE0617 如下所示。

代码 CORE0617

```
# 导入 Pandas 模块
import pandas as pd
# 读取泰坦尼克号乘客数据
df=pd.read_csv("./titanic.txt")
data=df.copy()
# 前几行乘客数据
print(data.head())
# 基本信息
print(data.info())
# 特征的常用统计量
print(data.describe())
```

效果如图 6.28 所示。

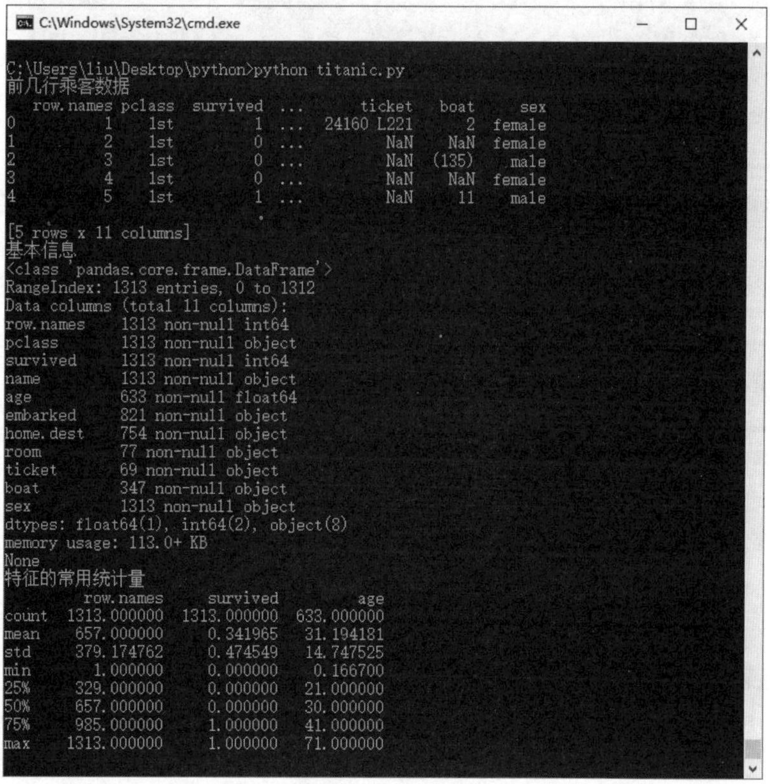

```
C:\Windows\System32\cmd.exe
C:\Users\liu\Desktop\python>python titanic.py
前几行乘客数据
   row.names pclass  survived  ...      ticket  boat     sex
0          1    1st         1  ...  24160 L221     2  female
1          2    1st         0  ...         NaN   NaN  female
2          3    1st         0  ...         NaN (135)    male
3          4    1st         0  ...         NaN   NaN  female
4          5    1st         1  ...         NaN    11    male

[5 rows x 11 columns]
基本信息
<class 'pandas.core.frame.DataFrame'>
RangeIndex: 1313 entries, 0 to 1312
Data columns (total 11 columns):
row.names    1313 non-null int64
pclass       1313 non-null object
survived     1313 non-null int64
name         1313 non-null object
age          633 non-null float64
embarked     821 non-null object
home.dest    754 non-null object
room         77 non-null object
ticket       69 non-null object
boat         347 non-null object
sex          1313 non-null object
dtypes: float64(1), int64(2), object(8)
memory usage: 113.0+ KB
None
特征的常用统计量
         row.names     survived         age
count  1313.000000  1313.000000  633.000000
mean    657.000000     0.341965   31.194181
std     379.174762     0.474549   14.747525
min       1.000000     0.000000    0.166700
25%     329.000000     0.000000   21.000000
50%     657.000000     0.000000   30.000000
75%     985.000000     1.000000   41.000000
max    1313.000000     1.000000   71.000000
```

图 6.28　导入数据

第二步：缺失值处理。

通过对数据基本信息的观察，可以看出 age、embarked、home.dest、room、ticket、boat 几个特征出现缺失值，其中 sex、age 和 pclass 是可能决定幸免与否的关键因素，因此，在获取相关特征数据后，对 age 数据存在的缺失数据使用平均数进行填充，代码 CORE0618 如下所示。

```
代码 CORE0618

# 获取指定特征数据
X=data[['pclass','age','sex']]
y=data['survived']
# 对当前选择的特征进行探查
print(X.info())
# 使用平均数进行填充缺失值
X['age'].fillna(X['age'].mean(),inplace=True)
# 重新探查特征
print(X.info())
```

结果如图 6.29 所示。

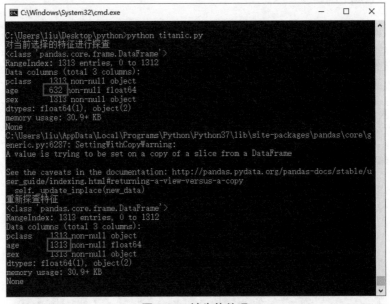

图 6.29　缺失值处理

第三步：数据分割。

使用 sklearn.model_selection 模块下的 train_test_split() 函数对缺失值处理后的数据进行分割操作，其中，随机采样 25% 的数据用于测试，75% 的数据用于训练，代码 CORE0619 如下所示。

代码 CORE0619

```
# 导入 sklearn 模块的 model_selection
from sklearn import model_selection
# 划分数据集
X_train, X_test, y_train, y_test = model_selection.train_test_split(X, y, test_size=0.25,
random_state=33)
```

第四步：特征提取。

使用 sklearn.feature_extraction 模块下的 DictVectorizer() 函数分别对训练数据和测试数据进行特征提取，将类别型的特征单独剥离出来，独成一列特征，而数值型的特征则保持不变，代码 CORE0620 如下所示。

代码 CORE0620

```
# 导入 sklearn 模块的 feature_extraction
from sklearn import feature_extraction
# 特征提取
DictVectorizer = feature_extraction.DictVectorizer(sparse=False)
# 计算数据并转换数据
X_train = DictVectorizer.fit_transform(X_train.to_dict(orient='record'))
X_test = DictVectorizer.fit_transform(X_test.to_dict(orient='record'))
# 获取数据特征名称
print(DictVectorizer.get_feature_names())
```

运行以上代码，出现如图 6.1 所示效果即可说明泰坦尼克号乘客信息数据集数据处理及特征提取成功。

本项目通过数据集划分和特征提取的实现，对 sklearn 的概念、数据集使用相关知识有了初步了解，对 sklearn 数据处理和特征提取等操作有所了解并掌握，并能够通过所学的 sklearn 基础知识实现泰坦尼克号乘客信息数据集的划分和特征提取。

preprocessing	预处理	feature	特征
extraction	萃取	forest	森林
matrix	矩阵	factorization	因式分解

| spectral | 光谱 | grid | 格线 |
| barest-cance | 乳腺癌 | diabetes | 糖尿病 |

1. 选择题

（1）sklearn 基于多个 Python 模块建立，不包含（   ）。

A.NumPy   B.Pandas   C.SciPy   D.Matplotlib

（2）sklearn 封装的常用数据分析算法中，不包含（   ）。

A. 分类   B. 降维   C. 预测   D. 预处理

（3）下列通用数据集中名称与加载方法不匹配的是（   ）。

A. 鸢尾花数据集：load_iris()   B. 乳腺癌数据集：load-barest-cancer()

C. 体能训练数据集：load-diabetes()   D. 手写数字数据集：load_digits()

（4）下列用于标准差标准化的函数是（   ）。

A.Binarizer()   B.LabelEncoder()

C.MinMaxScaler()   D.StandardScaler()

（5）sklearn 中，常用特征提取不包含（   ）。

A. 字典特征提取   B. 数字特征提取   C. 文本特征提取   D. 图形特征提取

2. 简答题

（1）简述 sklearn 数据分析流程。

（2）简述数据集划分完成后返回内容的作用。

项目七　sklearn 数据统计进阶

通过对 sklearn 模型的学习，了解 sklearn 模型的相关概念，熟悉 sklearn 模型的创建及使用，掌握 sklearn 模型的评估和保存，具有使用 sklearn 模型知识实现泰坦尼克号乘客信息数据分析的能力，在任务实施过程中：

● 了解 sklearn 模型的相关知识；
● 熟悉 sklearn 模型的生成和使用；
● 掌握 sklearn 模型的评估和保存；
● 具有实现泰坦尼克号乘客信息数据分析的能力。

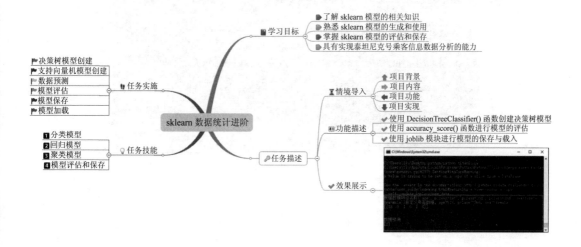

【情境导入】

在使用 sklearn 对数据集进行划分、规范化、数值化、特征提取等操作后,还需选择其提供的数据分析算法函数,设置相关的算法参数生成数据分析模型才能实现数据的分析,任何的计算分析都能通过相对应的某一个模型实现,而不需要烦琐复杂的代码编写,是 sklearn 模块实现数据分析的核心内容。本项目通过对 sklearn 模型知识的讲解,最终完成泰坦尼克号乘客数据的分析。

【功能描述】

● 使用 DecisionTreeClassifier() 函数创建决策树模型。
● 使用 accuracy_score() 函数进行模型的评估。
● 使用 joblib 模块进行模型的保存与载入。

【效果展示】

通过对本项目的学习,能够使用 sklearn 模型的创建、使用、评估、保存与加载等知识,完成泰坦尼克号乘客生还可能性的预测。效果如图 7.1 所示。

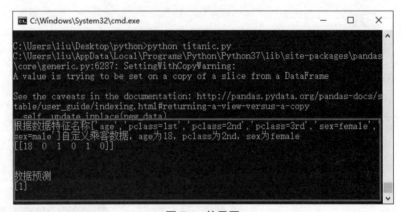

图 7.1　效果图

技能点一　分类模型

分类模型简单来说就是通过分类算法实现数据计算的函数,目前,分类算法有很多,sklearn 并没有将每种算法实现,而是有针对性地为朴素贝叶斯、支持向量机、决策树等算法的实现提供了分类函数,其中,较为常用的函数见表 7.1。

表 7.1　常用的分类函数

函数	描述
GaussianNB()	朴素贝叶斯算法
SVC()	支持向量机算法
DecisionTreeClassifier()	决策树算法

1. 朴素贝叶斯算法

在 sklearn 中,包含了多个朴素贝叶斯算法实现函数,其中,naive_bayes 模块下的 GaussianNB() 函数是使用最多的一个,主要用于进行大部分连续值分布数据集的计算,其使用方式非常简单,不需要设置任何参数,只需在生成 GaussianNB 对象后,通过一些方法和属性进行算法设置、信息获取以及数据计算,GaussianNB 对象的常用方法见表 7.2。

表 7.2　GaussianNB 对象的常用方法和属性

方法和属性	描述
set_params()	设置各个样本对应的先验概率(根据以往经验和分析得到的概率)
get_params()	不包含任何参数,可以直接获取每个样本的先验概率及所有特征中的最大稳定方差
fit(X,y)	训练样本
partial_fit(X,y,sample_weight,classes)	训练样本,用于数据量较大,不能一次性全部载入的情况
predict(X)	对测试样本进行分类
predict_proba(X)	返回测试样本的预测概率值
predict_log_proba(X)	返回测试样本预测概率值对应的对数值
score(X,y)	返回测试样本映射到指定标签上的准确率

方法和属性	描述
priors	获取每个样本的先验概率
class_prior_	获取每个样本的先验概率
class_count_	获取每个类别的样本数量
theta_	获取每个类别中每个特征的均值
sigma_	获取每个类别中每个特征的方差

其中，set_params() 方法的常用参数见表 7.3。

表 7.3　set_params() 方法的常用参数

参数	描述
priors	数组类型，表示先验概率的数值
var_smoothing	所有特征中的最大稳定方差，默认为 1e-09

fit() 和 score() 方法的常用参数见表 7.4。

表 7.4　fit() 方法的常用参数

参数	描述
X	样本数据
y	每个样本对应的标签，默认为 None

partial_fit() 方法可以将数据集划分若干份，重复调用 partial_fit() 进行样本数据的训练的常用参数见表 7.5。

表 7.5　partial_fit() 方法的常用参数

参数	描述
X	样本数据
y	每个样本对应的标签，默认为 None
sample_weight	以数组形式设置各样本不同的权重，默认为 None
classes	设置所有可能的类别，第一次调用 partial_fit() 方法时，必须指定参数值，之后则可以忽略，默认为 None

使用 GaussianNB() 函数对鸢尾花数据进行分类，代码 CORE0701 如下所示。

代码 CORE0701

```
# 导入模块
from sklearn import datasets
from sklearn import naive_bayes
import numpy as np
# 加载数据集
iris = datasets.load_iris()
# 实现朴素贝叶斯算法
GaussianNB = naive_bayes.GaussianNB()
# 训练数据
GaussianNB.fit(iris.data, iris.target)
# 设置各个样本对应的先验概率
GaussianNB.set_params(priors=[0.333, 0.333, 0.333],var_smoothing=1e+09)
# 获取每个样本的先验概率
print(GaussianNB.priors)
# 获取每个样本的先验概率
print(GaussianNB.class_prior_)
# 获取每个样本的先验概率及所有特征中的最大稳定方差
print(GaussianNB.get_params())
# 获取每个类别的样本数量
print(GaussianNB.class_count_)
# 获取每个类别中每个特征的均值
print(GaussianNB.theta_)
# 获取每个类别中每个特征的方差
print(GaussianNB.sigma_)
# 定义测试数据
data_test=np.array([6,4,6,2])
data=data_test.reshape(1,-1)
# 预测所属类别
Result_predict=GaussianNB.predict(data)
print(Result_predict)
```

效果如图 7.2 所示。

2. 支持向量机算法

SVC 全称"C-Support Vector Classification",是一个包含在 sklearn 的 svc 模块下基于 libsvm(一个简单、易于使用和快速有效的 SVM 模式识别与回归的软件包)用于实现支持向量机的函数,但由于该函数进行计算时,时间复杂度较高,因此不能对样本数量大于 20 000 的数据集进行计算。与 GaussianNB() 函数能够直接使用相比,SVC() 函数在使用时需要设置一些参数,其常用参数见表 7.6。

图 7.2　朴素贝叶斯算法实现

表 7.6　SVC() 函数的常用参数

参数	描述
C	错误项的惩罚系数,数值越大,惩罚程度越大,样本训练的准确率越高,但泛化能力弱;减小数值,则允许训练样本中存在一些分类错误的样本,泛化能力强
kernel	计算时采用的核函数(用来计算映射关系的内积)类型,参数值为 linear(线性核函数)、poly(多项式核函数)、rbf(高斯核函数)、sigmoid(sigmod 核函数)、precomputed(核矩阵)
degree	设置多项式核函数的阶数
gamma	核函数系数
probability	是否启用概率估计
cache_size	指定训练所需要的内存
class_weight	给每个类别分别设置不同的惩罚参数 C,当不使用时,则会将所有类别都设置为前面参数指出的参数 C
max_iter	最大迭代次数,如果为 −1,表示不限制
decision_function_shape	决策函数选择,可选值为"ovo"和"ovr",默认为"ovr"

　　使用 SVC() 函数后,生成 SVC 对象,之后可以通过相关方法和属性进行信息获取以及数据计算,SVC 对象的常用方法和属性见表 7.7。

表 7.7　SVC 对象的常用方法和属性

方法和属性	描述
fit(X,y)	训练样本
predict(X)	对测试样本进行分类
score(X,y)	返回测试样本映射到指定标签上的准确率
decision_function(X)	计算样本到分离超平面的距离并返回
support_	获取支持向量在训练样本中的索引
support_vectors_	获取所有的支持向量
n_support_	获取各类支持向量数量

使用 SVC() 函数对鸢尾花数据进行分类,代码 CORE0702 如下所示。

```
代码 CORE0702

# 导入模块
from sklearn import datasets
from sklearn import svm
import numpy as np
# 加载数据集
iris = datasets.load_iris()
# 实现支持向量机
SVC = svm.SVC(C=0.8, kernel='rbf', gamma=10, decision_function_shape='ovr')
# 训练数据
SVC.fit(iris.data, iris.target)
# 获取支持向量在训练样本中的索引
print(SVC.support_)
# 获取各类支持向量数量
print(SVC.n_support_)
# 定义测试数据
data_test=np.array([6,4,6,2])
data=data_test.reshape(1,-1)
print(data)
# 预测所属类别
Result_predict=SVC.predict(data)
print(Result_predict)
```

效果如图 7.3 所示。

3. 决策树算法

DecisionTreeClassifier() 是 sklearn 中一个用于实现决策树算法的函数,包含在 tree 模块下,既可以用于分类,也可以用于回归。其使用方式与以上两个函数相同,都是先创建对象,之后使用 fit() 方法进行训练,最后使用 predict() 方法对数据进行预测。DecisionTreeClassi-fier() 函数的常用参数见表 7.8。

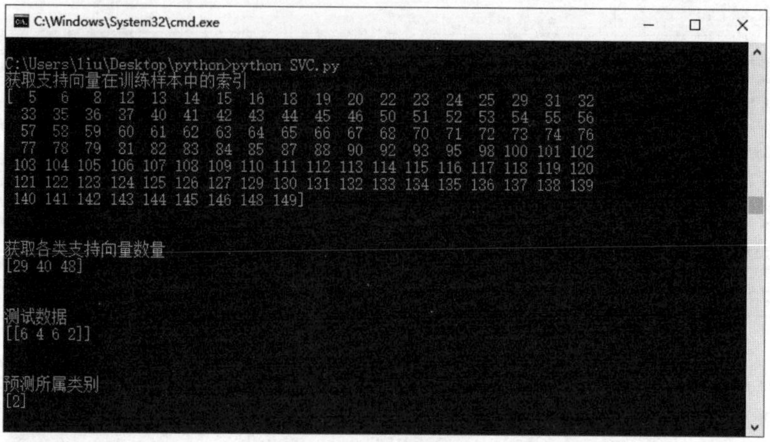

图 7.3　支持向量机实现

表 7.8　DecisionTreeClassifier() 函数的常用参数

参数	描述
criterion	选择节点划分质量的度量标准,默认值为"gini"基尼系数(CART 算法中采用的度量标准),"entropy"表示信息增益
splitter	节点划分时的策略,用来指明在哪个数据上递归,参数值为 best(表示在所有数据上递归,适用于数据集较小的时候)、random(表示随机选择一部分数据进行递归,适用于数据集较大的时候)
max_depth	决策树最大深度
min_samples_leaf	叶节点最小样本数,如果子数据集中的样本数小于这个值,那么该叶节点和其兄弟节点都会被去掉
min_weight_fraction_leaf	所有输入样本权重总和的最小加权分数
max_features	节点切分时考虑的最大数据量
max_leaf_nodes	最大叶节点个数
class_weight	权重设置,主要是用于处理不平衡样本

使用 DecisionTreeClassifier() 函数后,生成决策树对象,之后可以通过相关方法和属性进行信息获取以及数据计算,DecisionTreeClassifier 对象的常用方法和属性见表 7.9。

表 7.9　DecisionTreeClassifier 对象的常用方法和属性

方法和属性	描述
fit(X,y)	训练样本
predict(X)	对测试样本进行分类

方法和属性	描述
score(X,y)	返回测试样本映射到指定标签上的准确率
decision_path(X)	获取样本的决策路径
get_params()	获取决策树对象的相关参数
classes_	获取分类类别
feature_importances_	获取数据重要性并以列表的形式返回
n_classes_	获取类别数
n_features_	获取样本数
n_outputs_	获取结果数
tree_	获取整个决策树，用于生成决策树的可视化

使用 DecisionTreeClassifier() 函数实现鸢尾花数据分类，代码 CORE0703 如下所示。

```
代码 CORE0703

# 导入模块
from sklearn import datasets
from sklearn import tree
import numpy as np
# 加载数据集
iris = datasets.load_iris()
# 实现决策树算法
DecisionTreeClassifier = tree.DecisionTreeClassifier()
# 训练数据
DecisionTreeClassifier.fit(iris.data, iris.target)
# 获取决策树对象的相关参数
print(DecisionTreeClassifier.get_params())
# 获取分类类别
print(DecisionTreeClassifier.classes_)
# 获取数据重要性并以列表的形式返回
print(DecisionTreeClassifier.feature_importances_)
# 获取类别数
print(DecisionTreeClassifier.n_classes_)
# 获取样本数
print(DecisionTreeClassifier.n_features_)
# 定义测试数据
data_test=np.array([6,4,6,2])
```

```
data=data_test.reshape(1,-1)
print(data)
# 预测所属类别
Result_predict=DecisionTreeClassifier.predict(data)
print(Result_predict)
```

效果如图 7.4 所示。

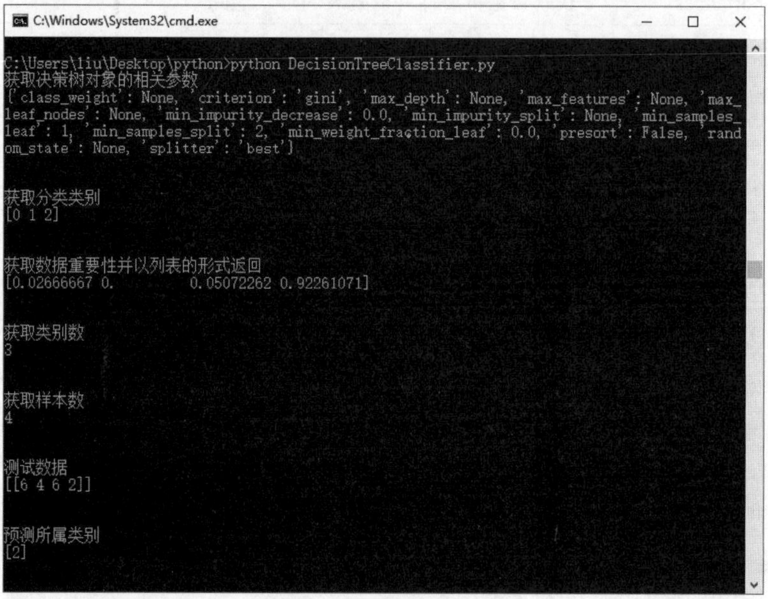

图 7.4　决策树算法实现

技能点二　回归模型

回归模型是一种用于实现预测能力的建模技术,通过对因变量(目标)和自变量(预测器)之间关系的研究,实现预测分析,sklearn 中,提供了多个用于建立回归模型的回归函数,其中,经常使用的函数见表 7.10。

表 7.10　常用的回归函数

函数	描述
LogisticRegression()	逻辑回归
LinearRegression()	线性回归
PolynomialFeatures()	多项式回归
Ridge()	岭回归

1. 逻辑回归算法

LogisticRegression() 是 sklearn 中用于实现逻辑回归算法的函数,能够计算事件成功(Success)或者失败(Failure)的概率,其被包含在 linear_model 模块下,并通过相关参数实现算法的设置,其常用参数见表 7.11。

表 7.11　LogisticRegression() 函数的常用参数

参数	描述
penalty	指定惩罚的标准,添加参数避免过拟合,用以提高函数的泛化能力,参数值为"l1""l2",默认为"l2"。
dual	选择求解形式,默认值为 True,以对偶形式求解,适用于"l2"模式;值为 False 时,则以原始形式求解
C	指定正则化系数的倒数,值越小,正则化越大
fit_intercept	设置逻辑回归模型中是否会有常数项
class_weight	用于标示模型中各种类别数据的权重
max_iter	指定最大迭代数
solver	指定求解最优化问题的算法,参数值为 newton-cg(牛顿法)、lbfgs(L-BFGS 拟牛顿法)、liblinear(liblinear 法)、sag(Stochastic Average Gradient descent 算法)
tol	优化算法停止的条件,当迭代前后函数差值小于或等于 tol 时就停止
multi_class	选择对于多分类问题的策略,可选值为"ovr""multinomial"
warm_start	默认为 False,清除上次的训练结果,为 True 时,使用上次的训练结果作为初始化参数

使用 LogisticRegression() 函数后,生成逻辑回归对象,之后可以通过相关方法和属性进行信息获取以及数据计算,逻辑回归对象的常用方法和属性见表 7.12。

表 7.12　逻辑回归对象的常用方法和属性

方法和属性	描述
fit(X,y)	训练样本
predict(X)	对测试样本进行预测
score(X,y)	返回测试样本映射到指定标签上的准确率
decision_function(X)	计算样本到分离超平面的距离并返回
densify(X)	将系数矩阵转换为密集数组格式
get_params()	获取逻辑回归对象的相关参数
predict_proba(X)	获取概率估计值,并将其按类别标签排序
predict_log_proba(X)	获取概率估计值的对数,并将其按类别标签排序
sparsify()	将系数矩阵转换为稀疏格式
coef_	获取权重向量

方法和属性	描述
intercept_	获取常数项值
n_iter_	获取实际迭代次数

使用 LogisticRegression() 函数对鸢尾花数据进行预测，代码 CORE0704 如下所示。

代码 CORE0704

```
# 导入模块
from sklearn import datasets
from sklearn import linear_model
import numpy as np
from sklearn import model_selection
from sklearn import preprocessing
# 加载数据集
iris = datasets.load_iris()
# 数据集划分
train_subset, test_subset, train_label, test_label = model_selection.train_test_split(iris.data,
iris.target, test_size=0.3, random_state=0)
# 标准化特征
sc = preprocessing.StandardScaler()
sc.fit(train_subset)
train_subset_std = sc.transform(train_subset)
test_subset_std = sc.transform(test_subset)
# 实现逻辑回归算法
LogisticRegression = linear_model.LogisticRegression(C=2, penalty='l2',solver='lbfgs',multi_
class='ovr')
# 训练数据
LogisticRegression.fit(train_subset_std, train_label)
# 获取权重向量
print(LogisticRegression.coef_)
# 获取常数项值
print(LogisticRegression.intercept_)
# 获取实际迭代次数
print(LogisticRegression.n_iter_)
# 获取验证集上的准确率
accuracy = LogisticRegression.score(test_subset_std, test_label)
print(accuracy)
```

效果如图 7.5 所示。

图 7.5　逻辑回归算法实现

2. 线性回归算法

LinearRegression() 函数在 sklearn 中用于实现线性回归算法,是学习预测模型的首选技术之一,主要通过连续因变量以及连续或离散自变量进行预测,包含在 linear_model 模块下,其常用参数见表 7.13。

表 7.13　LinearRegression() 函数的常用参数

参数	描述
fit_intercept	是否对训练数据进行中心化
normalize	是否对数据进行标准化处理
copy_X	经过中心化、标准化后,是否把新数据覆盖到原数据上
n_jobs	计算时需要的 CPU 个数,如果为 -1,则使用所有 CPU

使用 LinearRegression() 函数生成线性回归对象后,可以使用该属性的相关方法和属性进行信息获取以及数据计算,线性回归对象的常用方法和属性见表 7.14。

表 7.14　线性回归对象的常用方法和属性

方法和属性	描述
fit(X,y)	训练样本
predict(X)	对测试样本进行预测
score(X,y)	返回测试样本映射到指定标签上的准确率
decision_function(X)	对训练数据进行预测
coef_	获取斜率
intercept_	获取截距

使用 LinearRegression() 函数实现线性回归对波士顿房价数据集包含数据进行预测,代

码 CORE0705 如下所示。

代码 CORE0705
# 导入模块
from sklearn import datasets
from sklearn import linear_model
# 加载数据集
load_boston = datasets.load_boston()
# 实现线性回归算法
LinearRegression = linear_model.LinearRegression()
# 训练数据
LinearRegression.fit(load_boston.data, load_boston.target)
# 获取斜率
print(LinearRegression.coef_)
# 获取截距
print(LinearRegression.intercept_)
# 数据预测
Result_predict=LinearRegression.predict(load_boston.data[:4,:])
print(Result_predict)

效果如图 7.6 所示。

图 7.6　线性回归算法实现

3. 多项式回归算法

PolynomialFeatures() 函数是 sklearn 中一个用于实现多项式回归算法的函数，包含在 preprocessing 模块下，与以上两种回归算法相比，PolynomialFeatures() 函数适用于自变量的指数大于 1 的情况，其常用参数见表 7.15。

表 7.15　PolynomialFeatures () 函数的常用参数

参数	描述
degree	多项式的最高次

参数	描述
interaction_only	是否存在平方项,默认为 False
include_bias	是否包含截距,默认为 True

PolynomialFeatures() 函数在生成多项式回归对象后,其常用方法和属性见表 7.16。

表 7.16　多项式回归对象的常用方法和属性

方法和属性	描述
fit(X)	计算特征数量
transform(X)	将数据转换为多项式特征
fit_transform(X)	计算特征数量,并将数据转换为多项式特征
get_params()	获取多项式回归对象的相关参数
powers_	获取多项式对应项的阶数
n_input_features_	获取输入特征总数
n_output_features_	获取多项式输出特征总数

需要注意的是,单纯的 PolynomialFeatures() 函数并不具备预测能力,通常结合 Linear-Regression() 函数使用,使用 PolynomialFeatures() 函数实现多项式回归,代码 CORE0706 如下所示。

```
代码 CORE0706
# 导入模块
from sklearn import preprocessing
import numpy as np
# 创建数据
X = np.array([[0, 3],
        [1, 4],
        [2, 5]])
# 实现多项式回归算法
PolynomialFeatures = preprocessing.PolynomialFeatures(degree=2,interaction_only=
False,include_bias=False)
# 计算特征数量,并将数据转换为多项式特征
print(PolynomialFeatures.fit_transform(X))
# 获取多项式回归对象的相关参数
print(PolynomialFeatures.get_params())
# 获取多项式对应项的阶数
```

```
print(PolynomialFeatures.powers_)
# 获取输入特征总数
print(PolynomialFeatures.n_input_features_)
# 获取多项式输出特征总数
print(PolynomialFeatures.n_output_features_)
```

效果如图 7.7 所示。

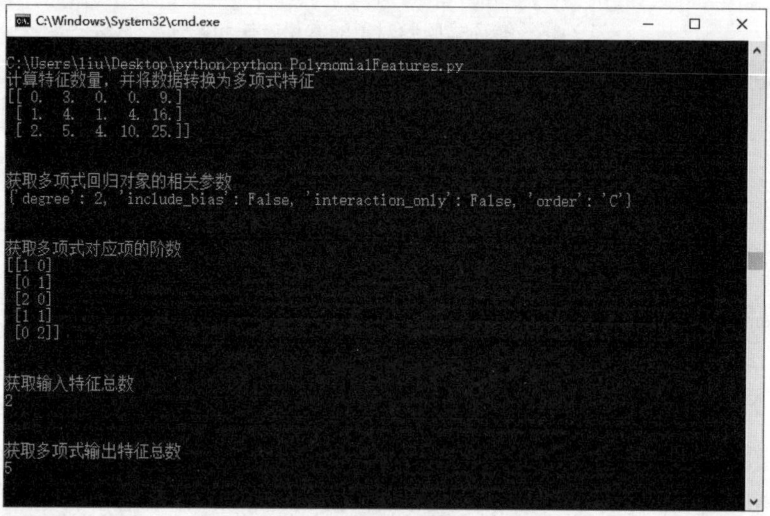

图 7.7　多项式回归算法实现

4. 岭回归算法

Ridge() 是一个用于实现岭回归算法的函数,其通过给回归估计上增加一个偏差度,使得方差和偏差达到平衡,实现标准误差的降低,能够处理一般线性回归不能解决的方差和偏差问题,包含在 sklearn 中的 linear_model 模块下,常用参数见表 7.17。

表 7.17　Ridge() 函数的常用参数

参数	描述
alpha	正则化项的系数
copy_X	是否把新数据覆盖到原数据上
fit_intercept	是否计算此模型的截距
normalize	用于标示模型中各种类别数据的权重
max_iter	指定最大迭代数
solver	用于计算的求解方法
tol	算法停止的条件,当迭代前后函数差值小于或等于 tol 时就停止

其中,solver 的参数值见表 7.18。

表 7.18 solver 的参数值

参数值	描述
auto	自动选择
svd	奇异值分解法
cholesky	使用标准的 scipy.linalg.solve 方法
sparse_cg	共轭梯度法
lsqr	最小二乘法
sag	随机平均梯度下降法

使用 Ridge() 函数后,生成岭回归对象,通过相关方法和属性进行信息获取以及数据计算,其包含的属性逻辑回归对象相同,常用方法见表 7.19。

表 7.19 岭回归对象的常用方法和属性

方法和属性	描述
fit(X,y)	训练样本
predict(X)	对测试样本进行预测
score(X,y)	获取预测的评估系数
get_params()	获取岭回归对象的相关参数

使用 Ridge() 函数实现岭回归算法,代码 CORE0707 如下所示。

```
代码 CORE0707

# 导入模块
from sklearn import datasets
from sklearn import linear_model
import numpy as np
# 生成数据集
make_regression = datasets.make_regression(n_samples=100,n_features=4,n_tar
gets=1,noise=1)
# 实现岭回归算法
Ridge = linear_model.Ridge(alpha = 0.5)
# 训练数据
Ridge.fit(make_regression[0], make_regression[1])
# 获取岭回归对象的相关参数
print(Ridge.get_params())
# 获取预测的评估系数
Result_score=Ridge.score(make_regression[0], make_regression[1])
```

```
print(Result_score)
# 测试数据
data_test = np.array([83.0, 234.289, 235.6, 159.0])
data = data_test.reshape(1, -1)
print(data)
# 数据预测
Result_predict=Ridge.predict(data)
print(Result_predict)
```

效果如图 7.8 所示。

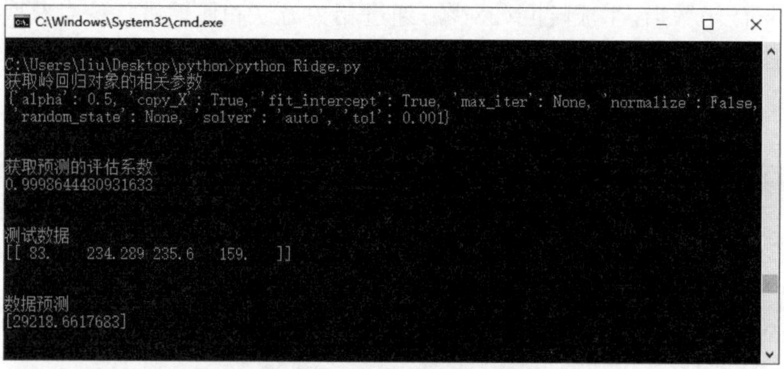

图 7.8　岭回归算法实现

技能点三　聚类模型

聚类模型与分类模型极其相似，只是类别的定义存在本质的不同，是一种探索性的建模技术，根据相似性（一般用距离来表示，距离越近表明两者越相似）将数据中存在相同特征的数据聚集在一起，由于聚类模型的探索性，所以，使用不同方法，得到的结论不同，并且，不同的人对于同一组数据进行聚类，所得到的结果也未必一致。sklearn 中同样存在多个聚类模型的函数，主要包含在 cluster 模块下，常用的聚类函数见表 7.20。

表 7.20　常用的聚类函数

函数	描述
KMeans()	k-Means 聚类
DBSCAN()	DBSCAN 聚类

1.k-Means 聚类算法

KMeans() 是一种用于实现 k-Means 聚类算法的函数，通过参数设置 K 值实现初始聚类中心的随机选取,之后对数据进行聚类分析,根据其与聚类中心的距离,将其归入最近的类,之后通过每个类中所有数据均值的计算实现新聚类中心的设置。但需要注意的是,由于特征的不同,数据类别多样,这极大地影响聚类结果,因此,需要多次尝试,选取最优值。KMeans() 函数的常用参数见表 7.21。

表 7.21　KMeans() 函数的常用参数

参数	描述
n_clusters	K 值设置,即生成的聚类数
max_iter	指定最大迭代数
n_init	聚类中心初始化值的次数,默认值为 10
init	初始值选择方式,默认为 k-means++,还可选择 random 或传递一个 ndarray 向量
n_jobs	指定计算所用的进程数

使用 KMeans() 函数即可生成聚类对象,其常用方法和属性见表 7.22。

表 7.22　KMeans 聚类对象的常用方法和属性

方法和属性	描述
fit(X)	计算 K-MEANS 聚类
predict(X)	预测每个样本所属的最近簇
fit_predict(X)	计算聚类中心并预测每个样本的聚类索引
get_params()	获取聚类对象的相关参数
transform(X)	将样本数据转换为聚类距离空间
fit_transform(X)	计算 k-Means 聚类并将样本数据转换为聚类距离空间
cluster_centers_	获取聚类中心
labels_	获取每个样本所属的簇
inertial_	用来评估簇的个数是否合适,距离越小说明簇分的越好,选取临界点的簇个数

使用 KMeans() 函数实现鸢尾花数据集的 k-Means 聚类操作,代码 CORE0708 如下所示。

代码 CORE0708
导入模块

```
# 导入模块
from sklearn import datasets
from sklearn import cluster
import numpy as np
# 加载数据集
```

```
iris = datasets.load_iris()
# 实现 K-MEANS 聚类算法
KMeans = cluster.KMeans(n_clusters=4, max_iter=300, n_init=10)
# 计算 k-Means 聚类
KMeans.fit(iris.data)
# 获取每个样本所属的簇
print(KMeans.labels_)
# 获取聚类中心
print(KMeans.cluster_centers_)
# 选取临界点的簇个数
print(KMeans.inertia_)
# 定义测试数据
data_test=np.array([6,4,6,2])
data=data_test.reshape(1,-1)
# 预测每个样本所属的最近簇
Result_predict=KMeans.predict(data)
print(Result_predict)
```

效果如图 7.9 所示。

图 7.9　K-MEANS 聚类算法实现

2.DBSCAN 聚类算法

DBSCAN() 函数主要用于实现 DBSCAN 算法,能够从某个核心样本出发,向高密度的区域进行扩张,生成一个由互相靠近的核样本集合与靠近核样本的非核样本组成的集合组成的任意形状的簇。该函数包含本身参数 min_samples 和最近邻度量参数 eps 两类,主要用于表示数据的稠密性,当 min_samples 增加或者 eps 减小的时候,意味着一个簇分类有更大的密度要求。DBSCAN() 函数的常用参数见表 7.23。

表 7.23　DBSCAN() 函数的常用参数

参数	描述
eps	两个样本之间的最大距离
min_samples	将某个样本视为核心样本的邻域中的样本数,包括点本身
metric	最近邻距离度量, euclidean(欧式距离)、manhattan(曼哈顿距离)、chebyshev(切比雪夫距离)、minkowski(闵可夫斯基距离)、wminkowski(带权重闵可夫斯基距离)、seuclidean(标准化欧式距离)等
algorithm	算法选择, brute(蛮力实现)、kd_tree(KD 树实现),ball_tree(球树实现)、auto(在上面三种算法中做权衡)
p	Minkowski 度量的幂,用于计算样本之间的距离
n_jobs	指定计算所用的进程数

使用 DBSCAN() 函数即可生成 DBSCAN 聚类对象,其常用方法和属性见表 7.24。

表 7.24　DBSCAN 聚类对象的常用方法和属性

方法和属性	描述
fit(X,y)	从特征矩阵进行聚类
fit_predict(X,y)	计算聚类并返回每个数据的标签,然后遍历整个数据集,将相同标签的数据归为一个集合
get_params()	获取 DBSCAN 聚类对象的相关参数
core_sample_indices_	获取核心样本的索引
components_	获取通过训练找到的每个核心样本的副本
labels_	获取每个样本所属的簇

使用 DBSCAN() 函数实现 DBSCAN 聚类算法,代码 CORE0709 如下所示。

代码 CORE0709

```
# 导入模块
from sklearn import datasets
from sklearn import cluster
import numpy as np
# 生成样本数据
X, y = datasets.make_blobs(n_samples=15, n_features=3,centers=4, cluster_std=0.4)
# 实现 DBSCAN 聚类算法
DBSCAN = cluster.DBSCAN(eps=0.4, min_samples=1)
# 计算 K-MEANS 聚类
DBSCAN.fit(X,y)
```

```
# 获取核心样本的索引
print(DBSCAN.core_sample_indices_)
# 获取通过训练找到的每个核心样本的副本
print(DBSCAN.components_)
# 获取每个样本所属的簇
print(DBSCAN.labels_)
# 定义测试数据
data_test=np.array([[-4.394018 , -9.9767611, -1.,3849832],
            [3.8845e+00, -6.4207018e+00, -2.987534e-03, 7.3841e-01],
            [ 1.66371982 , 7.400882 , 3.035526 ,-5.680786],
            [-0.1, 0.21, -0.11, -1],
            [0.1, 0.2, 0.1, 11]])
# 计算聚类并返回每个数据的标签,然后遍历整个数据集,将相同标签的数据归为一
个集合
Result_predict=DBSCAN.fit_predict(data_test[:, :3],data_test[:, 3])
print(Result_predict)
```

效果如图 7.10 所示。

图 7.10 DBSCAN 聚类算法实现

技能点四　模型评估和保存

1. 模型评估

模型评估是 sklearn 数据分析重要步骤之一，能够调整模型参数判断是否过拟合，提高后期数据分析准确率，以及通过模型评估值选择适合的模型。目前，较为常用的模型评估方法有交叉验证、检验曲线以及 metrics 模块。

（1）交叉验证

交叉验证主要通过分组方式将原数据分成训练集和测试集实现模型的训练与评价，能够评估模型的预测性能，在一定程度上减小训练后模型在新数据上过拟合，以及从有限的数据中获取尽可能多的有效信息。交叉验证的实现主要通过 model_selection 模块下的 cross_val_score() 函数，其常用参数见表 7.25。

表 7.25　cross_val_score() 函数的常用参数

参数	描述
estimator	需要评估的算法模型，包含 fit() 方法
X	样本数据
y	每个样本对应的标签，默认为 None
groups	样本分组数，，默认为 None
scoring	评价指标，参数值为 accuracy（准确性）、mean_squared_error（均方误差）
cv	交叉验证的 K 值

使用 cross_val_score() 函数实现 GaussianNB 分类模型准确性的评估，代码 CORE0710 如下所示。

代码 CORE0710

```
# 导入模块
from sklearn import datasets
from sklearn import naive_bayes
from sklearn import model_selection
import numpy as np
# 加载数据集
iris = datasets.load_iris()
# 朴素贝叶斯算法
GaussianNB = naive_bayes.GaussianNB()
# 引入交叉验证，数据分为 5 组进行训练
```

```
scores=model_selection.cross_val_score(GaussianNB,iris.data, iris.target,cv=5,scor
ing='accuracy')
# 每组的评分结果
print(scores)
# 平均评分结果
print (np.mean(scores))
```

效果如图 7.11 所示。

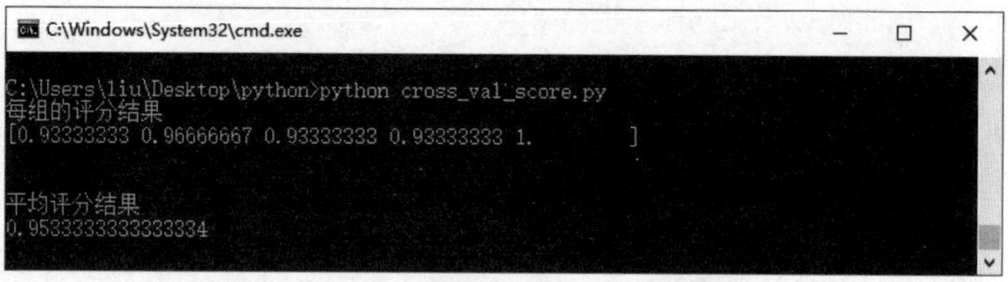

图 7.11　cross_val_score() 函数模型评估

（2）检验曲线

检验曲线能够从欠拟合到拟合再到过拟合过程中选择合适的超参数设置,优化模型,从而实现模型性能的提高,使得模型预测更加精准。目前,存在 learning_curve() 和 validation_curve() 两种常用的检验曲线函数,同样被包含在 model_selection 模块下,其中：learning_curve() 函数主要用于实现模型过拟合的判断,其常用参数见表 7.26。

表 7.26　learning_curve() 函数的常用参数

参数	描述
estimator	需要评估的算法模型,包含 fit() 方法
X	样本数据
y	每个样本对应的标签,默认为 None
train_sizes	用于产生 learning_curve 的样本数量,值处于 [0,1] 范围
scoring	评价指标,参数值为 accuracy（准确性）、mean_squared_error（均方误差）
cv	交叉验证的 K 值

使用 learning_curve() 函数后会将结果以集合的形式返回,第一项表示用于产生 learning_curve 的样本数量,第二项训练集得分,第三项为测试集得分,代码 CORE0711 如下所示。

代码 CORE0711
# 导入模块
from sklearn import datasets
from sklearn import linear_model

```
from sklearn import model_selection
from sklearn import preprocessing
# 加载数据集
iris = datasets.load_iris()
train_subset, test_subset, train_label, test_label = model_selection.train_test_split(iris.data,
iris.target, test_size=0.3, random_state=0)
# 标准化特征
sc = preprocessing.StandardScaler()
sc.fit(train_subset)
train_subset_std = sc.transform(train_subset)
# 实现逻辑回归算法
LogisticRegression = linear_model.LogisticRegression(C=2, penalty='l2',solver='lbfgs',multi_
class='ovr')
# 引入交叉验证，数据分为 5 组进行训练
train_sizes_abs,train_scores,test_scores=model_selection.learning_curve(LogisticRegression,train_
subset_std, train_label,train_sizes=[0.1,0.2,0.4,0.6,0.8,1],cv=5,scoring='accuracy')
# 用于产生 learning_curve 的样本数量
print(train_sizes_abs)
# 训练集得分
print(train_scores)
# 测试集得分
print(test_scores)
```

效果如图 7.12 所示。

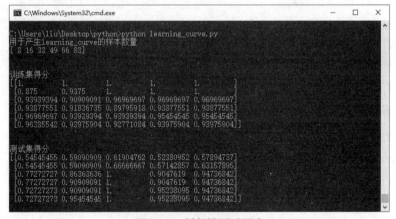

图 7.12　判断模型过拟合

validation_curve() 函数则主要用于查看不同参数取值下模型的性能，并返回训练集得分和测试集得分，其常用参数见表 7.27。

表 7.27　validation_curve() 函数的常用参数

参数	描述
estimator	需要评估的算法模型,包含 fit() 方法
X	样本数据
y	每个样本对应的标签,默认为 None
groups	样本分组数,默认为 None
scoring	评价指标,参数值为 accuracy(准确性)、mean_squared_error(均方误差)
cv	交叉验证的 K 值
param_name	将会改变的参数名称
param_range	给定的参数范围

使用 validation_curve() 函数实现模型性能的查看,代码 CORE0712 如下所示。

代码 CORE0712

```
# 导入模块
from sklearn import datasets
from sklearn import svm
from sklearn import model_selection
# 加载数据集
iris = datasets.load_iris()
# 实现支持向量机
SVC = svm.SVC(C=0.8, kernel='rbf', gamma=10, decision_function_shape='ovr')
# 引入交叉验证 , 数据分为 5 组进行训练
train_scores,test_scores=model_selection.validation_curve(SVC,iris.data,     iris.target,param_name='gamma',param_range=[10,20,40,80,160,250],cv=5,scoring='accuracy')
# 训练集得分
print(train_scores)
# 测试集得分
print(test_scores)
```

效果如图 7.13 所示。

(3)metrics 模块

metrics 模块是 sklearn 中一个用于模型评估的模块,包含多个函数,可以实现模型的各种评估,如准确率、召回率、F1 分数等,其常用评估函数见表 7.28。

表 7.28　metrics 模块的常用评估函数

参数	描述
accuracy_score()	准确率,用于表示所有分类正确的百分比,即正确分类的样本数与总样本数之比

参数	描述
precision_score()	精确率,也可以表示为查准率,主要针对预测结果,即预测为正的样本中有多少是真正的正样本
recall_score()	召回率,也可以表示为查全率,主要针对原样本,即样本中的正例有多少被预测正确
f1_score()	F1 分数,即算数平均数除以几何平均数,得到的值越大越好

其中,accuracy_score() 函数常用参数见表 7.29。

图 7.13　模型性能查看

表 7.29　accuracy_score() 函数的常用参数

参数	描述
y_true	测试样本对应的标签
y_pred	算法返回的预测标签
normalize	默认为 True,返回正确分类样本的分数,为 False 时,返回正确分类的样本数
sample_weight	样本权重

precision_score()、recall_score()、f1_score() 函数的常用参数见表 7.30。

表 7.30　precision_score()、recall_score()、f1_score() 函数的常用参数

参数	描述
y_true	测试样本对应的标签
y_pred	算法返回的预测标签
average	默认为 None,返回每个样本的分数,否则,对样本执行平均操作,可选值为 "binary""micro""macro""weighted""samples"
sample_weight	样本权重

使用 accuracy_score()、precision_score()、recall_score() 和 f1_score() 函数对 SVC 模型进行评估，代码 CORE0713 如下所示。

```
代码 CORE0713
# 导入模块
from sklearn import datasets
from sklearn import svm
from sklearn import model_selection
from sklearn import metrics
# 加载数据集
iris = datasets.load_iris()
train_data, test_data, train_label, test_label = model_selection.train_test_split(iris.data, iris.
target, test_size=0.3, random_state=0)
# 实现支持向量机
SVC = svm.SVC(C=0.8, kernel='rbf', gamma=10, decision_function_shape='ovr')
# 训练数据
SVC.fit(train_data, train_label)
# 预测所属类别
SVC_predict=SVC.predict(test_data)
# 评估准确率
accuracy_score=metrics.accuracy_score(test_label, SVC_predict)
print(accuracy_score)
# 评估精确率
precision_score=metrics.precision_score(test_label, SVC_predict, average='weighted')
print(precision_score)
# 评估召回率
recall_score=metrics.recall_score(test_label,SVC_predict,average='weighted')
print(recall_score)
# 评估 F1 分数
f1_score=metrics.f1_score(test_label, SVC_predict, average='weighted')
print(f1_score)
```

效果如图 7.14 所示。

2. 模型保存

在模型选择完成后，如果训练集固定，则会将训练的模型结果保存起来，以便下一次使用，减少重新训练的时间，提高模型使用效率。在 Python 的 joblib 模块下包含了多个用于实现模型保存的函数，但在使用时还需进行模块的下载安装，其常用函数见表 7.31。

图 7.14　metrics 模块模型评估

表 7.31　joblib 模块的常用函数

函数	描述
dump()	将模型以 model 或 pickle 等格式存储在指定的目录
load()	通过文件路径加载模型

其中，dump() 函数和 load() 函数的使用方式非常简单，dump() 函数只需接收两个常用参数，第一个参数为需要保存的模型对象，第二个参数为存储路径及文件名称；load() 函数则需通过该模型的存储路径即可实现模型的加载。使用 joblib 模块保存上面的朴素贝叶斯算法模型并进行模型加载，代码 CORE0714 如下所示。

```
代码 CORE0714
# 导入模块
import joblib
# 保存模型
joblib.dump(GaussianNB, 'GaussianNB.pickle')
# 定义测试数据
data_test = np.array([6,4,6,2])
data = data_test.reshape(1,-1)
# 载入模型
model = joblib.load('GaussianNB.pickle')
# 预测所属类别
Result_predict=model.predict(data)
print(Result_predict)
```

效果如图 7.15 所示。

通过图 7.2 和图 7.15 的结果可以看出，结果相同，说明模型的保存和加载成功。也可通过存储路径查看是否存在该模型的存储文件判断模型是否存储成功。

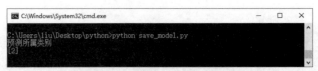

图 7.15　模型的保存与加载

通过上面的学习,掌握了 sklearn 模型的创建、评估、选择与保存等知识,通过以下几个步骤,对项目六中已经完成处理及特征提取的泰坦尼克号乘客信息数据进行乘客生还可能性的预测。

第一步:决策树模型创建。

导入 sklearn.tree 模块下的 DecisionTreeClassifier() 决策树算法函数后,使用默认配置初始化决策树算法,之后训练模型并查看相关信息,代码 CORE0715 如下所示。

```
代码 CORE0715

# 导入 sklearn 模块的 tree
from sklearn import tree
# 实现决策树算法
DecisionTreeClassifier = tree.DecisionTreeClassifier()
# 训练数据
DecisionTreeClassifier.fit(X_train, y_train)
# 获取决策树对象的相关参数
print(DecisionTreeClassifier.get_params())
# 获取分类类别
print(DecisionTreeClassifier.classes_)
# 获取数据重要性并以列表的形式返回
print(DecisionTreeClassifier.feature_importances_)
# 获取类别数
print(DecisionTreeClassifier.n_classes_)
# 获取样本数
print(DecisionTreeClassifier.n_features_)
```

效果如图 7.16 所示。

第二步:支持向量机模型创建。

导入 sklearn.svm 模块下的 SVC() 支持向量机算法函数后,配置惩罚系数、核函数、核函数系数以及决策函数初始化支持向量机算法,之后训练该模型并查看相关信息,代码 CORE0716 如下所示。

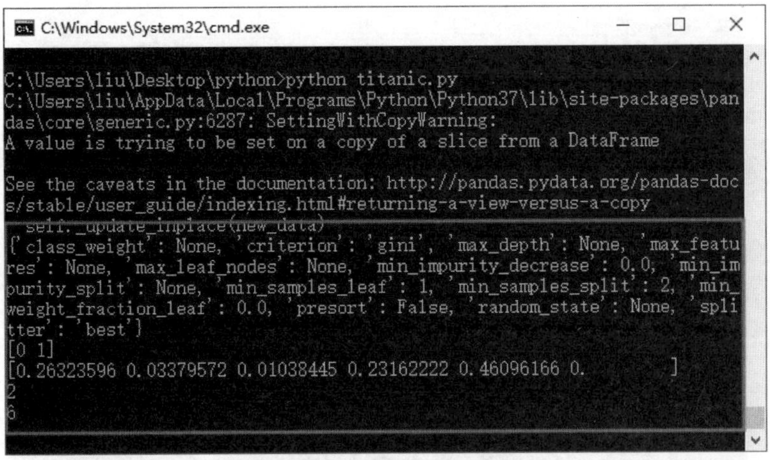

图 7.16　决策树模型创建

代码 CORE0716
# 导入 sklearn 模块的 svm
from sklearn import svm
# 实现支持向量机
SVC = svm.SVC(C=0.8, kernel='rbf', gamma=10, decision_function_shape='ovr')
# 训练数据
SVC.fit(X_train, y_train)
# 获取支持向量在训练样本中的索引
print(SVC.support_)
# 获取各类支持向量数量
print(SVC.n_support_)

效果如图 7.17 所示。

第三步：数据预测。

分别使用训练好的决策树和支持向量机两个模型对测试数据进行预测，代码 CORE0717 如下所示。

代码 CORE0717
# 决策树模型预测所属类别
DecisionTreeClassifier_Result_predict=DecisionTreeClassifier.predict(X_test)
print(DecisionTreeClassifier_Result_predict)
# 支持向量机模型预测所属类别
SVC_Result_predict=SVC.predict(X_test)
print(SVC_Result_predict)

效果如图 7.18 所示。

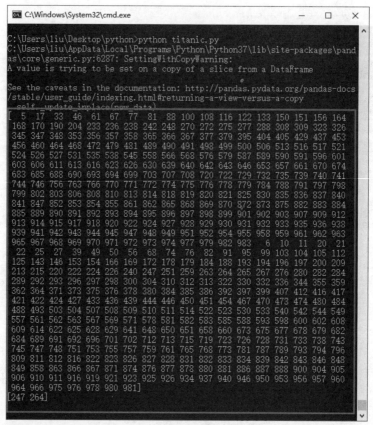

图 7.17 支持向量机模型创建

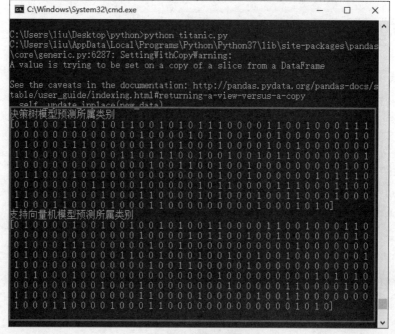

图 7.18 数据预测

第四步：模型评估。

使用 sklearn.metrics 模块下的 accuracy_score() 函数通过测试数据标签分别对决策树和支持向量机两个模型的预测准确率进行评估，代码 CORE0718 如下所示。

代码 CORE0718

# 导入 sklearn 模块的 metrics 	
from sklearn import metrics
# 评估决策树模型的预测准确率 	
DecisionTreeClassifier_accuracy_score=metrics.accuracy_score(y_test,DecisionTreeClassifier_Result_predict)
print(DecisionTreeClassifier_accuracy_score)
# 评估支持向量机模型的预测准确率 	
SVC_accuracy_score=metrics.accuracy_score(y_test, SVC_Result_predict)
print(SVC_accuracy_score)

效果如图 7.19 所示。

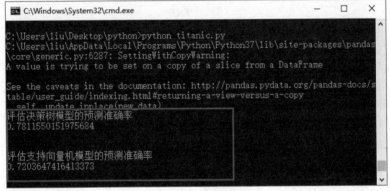

图 7.19　模型评估

第五步：模型保存。

模型评估完成之后，通过预测准确率的对比，选择准确率数值比较大的模型通过 joblib 模块的 dump() 函数进行保存，方便后期使用该模型进行预测，提高效率，代码 CORE0719 如下所示。

代码 CORE0719

# 导入 joblib 模块 	
import joblib
# 保存决策树模型 	
joblib.dump(DecisionTreeClassifier, 'DecisionTreeClassifier.pickle')

第六步：模型加载。

模型保存完成后，可以通过文件查看方式确定模型保存完成，但不能确定保存的模型在后期是否能够使用，因此，可以通过 joblib 模块的 load() 函数加载模型并再次进行数据的预测，代码 CORE0720 如下所示。

```
代码 CORE0720
# 载入模型
DecisionTreeClassifier_model = joblib.load('DecisionTreeClassifier.pickle')
# 导入 numpy 模块
import numpy as np
# 根据数据特征名称 ['age','pclass=1st','pclass=2nd','pclass=3rd','sex=female','sex=male']
自定义乘客数据，age 为 18，pclass 为 2nd，sex 为 female
data_test=np.array([18,0,1,0,1,0])
data=data_test.reshape(1,-1)
# 数据预测
Result_predict=DecisionTreeClassifier_model.predict(data)
print(Result_predict)
```

运行以上代码，出现如图 7.1 所示效果即可说明泰坦尼克号乘客生还可能性分析完成，当预测结果为 0 时，说明死亡概率为 78%，为 1 时说明生存概率为 78%。

本项目通过 sklearn 模型数据分析的实现，对 sklearn 模型的创建和使用等相关知识有了初步了解，对 sklearn 模型的评估和保存有所了解并掌握，并能够通过所学的 sklearn 模型相关知识实现泰坦尼克号乘客生还可能性的预测。

priors	先验	datasets	资料集
kernel	核心	degree	学位
support	支持	criterion	标准
penalty	罚款	solver	解算器

1. 选择题

（1）以下用于实现朴素贝叶斯算法的函数是（　　　）。

A.GaussianNB()   B.SVC()

C.DecisionTreeClassifier()　　　　　　　　　　D.KMeans()

（2）下列选项中（　　　）用来实现决策树算法训练样本。

A.predict()　　　　　B.score()　　　　　　C.fit()　　　　　　D.decision_path()

（3）以下用于实现朴素贝叶斯算法的函数是（　　　）。

A.LinearRegression()　　　　　　　　　　　B.PolynomialFeatures()

C.LogisticRegression()　　　　　　　　　　D.Ridge()

（4）K-MEANS 聚类算法主要通过参数设置（　　　）值实现初始聚类中心的随机选取。

A.c　　　　　　　　　B.K　　　　　　　　C.α　　　　　　　D.l

（5）以下不属于模型评估方法的是（　　　）。

A. 交叉验证　　　　　B. 检验曲线　　　　　C.metrics 模块　　　　D.joblib 模块

2. 简答题

（1）简述如何使用决策树算法对自定义数据集包含的数据进行分类。

（2）简述如何保存上述创建的模型,并使用该模型对单个数据进行预测。

项目八　seaborn 可视化分析库

通过对 seaborn 可视化分析的学习，了解 seaborn 相关概念，熟悉 seaborn 图形的数据分析方式，掌握 seaborn 可视化图形方法，具有使用 seaborn 实现波士顿房价数据分析预测的能力，在任务实施过程中：

- 了解 seaborn 相关知识；
- 熟悉 seaborn 图形的数据分析方式；
- 掌握 seaborn 可视化图形方法；
- 具有实现波士顿房价数据分析预测的能力。

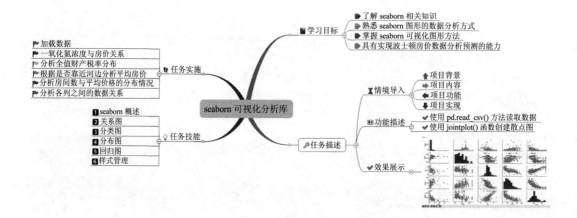

【情境导入】

现代社会的高速发展,科技水平的不断提高,几乎所有的行为都会以数据的形式进行存储,通过这些数据可以分析出一段时间内的趋势,但对过去数据的分析仅能够起到总结的作用,通过已有数据实现对未来的预测才是现在急需解决的问题。本项目通过 seaborn 可视化相关知识的学习,最终实现波士顿房价数据的分析预测。

【功能描述】

- 使用 pd.read_csv() 方法读取数据。
- 使用 jointplot() 函数创建散点图。

【效果展示】

通过对本项目的学习,能够使用 seaborn 相关数据分析方法完成对图 8.1 中数据的分析,得到各项指标对房价的影响,结果如图 8.1 所示。

CRIM	ZN	INDUS	CHAS	NOX	RM	AGE	DIS	RAD	TAX	PTRATIO	B	LSTAT	MEDV
0.00632	18	2.31	0	0.538	6.575	65.2	4.09	1	296	15.3	396.9	4.98	24
0.02731	0	7.07	0	0.469	6.421	78.9	4.9671	2	242	17.8	396.9	9.14	21.6
0.02729	0	7.07	0	0.469	7.185	61.1	4.9671	2	242	17.8	392.83	4.03	34.7
0.03237	0	2.18	0	0.458	6.998	45.8	6.0622	3	222	18.7	394.63	2.94	33.4
0.06905	0	2.18	0	0.458	7.147	54.2	6.0622	3	222	18.7	396.9	5.33	36.2
0.02985	0	2.18	0	0.458	6.43	58.7	6.0622	3	222	18.7	394.12	5.21	28.7
0.08829	12.5	7.87	0	0.524	6.012	66.6	5.5605	5	311	15.2	395.6	12.43	22.9
0.14455	12.5	7.87	0	0.524	6.172	96.1	5.9505	5	311	15.2	396.9	19.15	27.1
0.21124	12.5	7.87	0	0.524	5.631	100	6.0821	5	311	15.2	386.63	29.93	16.5
0.17004	12.5	7.87	0	0.524	6.004	85.9	6.5921	5	311	15.2	386.71	17.1	18.9
0.22489	12.5	7.87	0	0.524	6.377	94.3	6.3467	5	311	15.2	392.52	20.45	15
0.11747	12.5	7.87	0	0.524	6.009	82.9	6.2267	5	311	15.2	396.9	13.27	18.9
0.09378	12.5	7.87	0	0.524	5.889	39	5.4509	5	311	15.2	390.5	15.71	21.7
0.62976	0	8.14	0	0.538	5.949	61.8	4.7075	4	307	21	396.9	8.26	20.4
0.63796	0	8.14	0	0.538	6.096	84.5	4.4619	4	307	21	380.02	10.26	18.2

图 8.1　房价数据

技能点一　seaborn 概述

seaborn 是基于 matplotlib 衍生的图形可视化 python 包,提供了高度交互式界面,便于实现具有代表意义的统计图表。

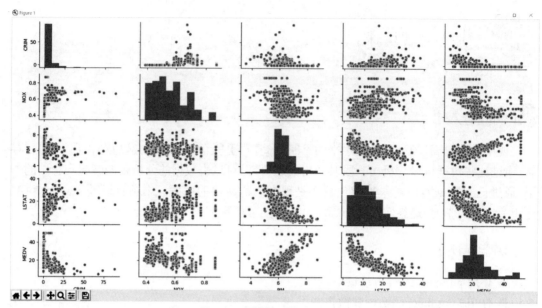

图 8.2 各指标对房价的影响

seaborn 为了简化作图的步骤,在 matplotlib 的基础上进行了更高级的封装。seaborn 能够制作出对数据描述比较清晰的图表,但好多图表还需结合 matplotlib 实现,因此 seaborn 被视为 matplotlib 的补充而不是替代。同时,seaborn 能高度兼容 NumPy、Pandas 以及 SciPy 与 Statsmodels 等。另外,seaborn 还能够实现分组绘图和分面画图。

● 分组绘图:分组绘图是指在同一个坐标系中同时绘制两个图,并分别使用不同的颜色加以区分,如图 8.3 所示。

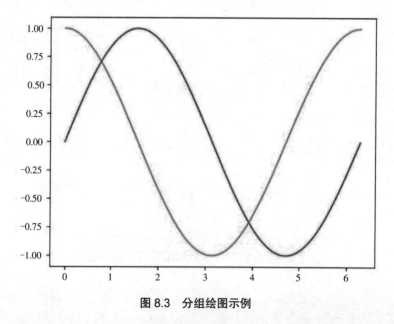

图 8.3 分组绘图示例

● 分面画图:分面画图类似于在一张画布上的不同等分的区域绘制不同的图形,如图 8.4 所示。

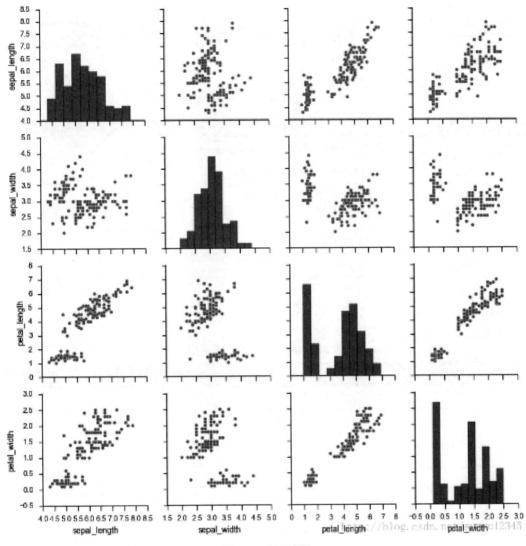

图 8.4　分面绘图

技能点二　关系图

数据的统计分析能够帮助数据分析人员理解数据集中的变量如何相互关联以及关系之间的依赖，seaborn 中主要介绍的关系图函数主要有三个，分别为 scatterplot()、lineplot() 和 relplot()。

1. 散点图

散点图作为可视化中的重要组成部分，能够利用点云描述两个变量的联合分布情况，散点图中的每个点都代表了数据集中的一个观察值，通过这种描述可以推断出大量数据之间是否存在联系。散点图语法格式如下。

```
seaborn.scatterplot(x, y,hue, style, size,data, markers)
```

scatterplot() 的参数说明见表 8.1。

表 8.1　scatterplot() 的参数说明

参数	描述
x，y	需要传入的数据，一般为 dataframe 中的列
hue	可以用作分类的列，作用是分类
data	数据集一般都是 dataframe
style	绘图的风格
size	绘图的大小
markers	绘图的形状

其中，markers 的常用参数值见表 8.2。

表 8.2　markers 的常用参数值

参数值	描述
-（默认）	实线
--	虚线
o	圆圈
+	加号
*	星星
.	点
x	叉号
S	方形
d	菱形
∧	上三角
∨	下三角
>	右三角
<	左三角
p	五角形
h	六角形

使用 food.csv 数据文件中的 total_bill（总账单）作为横坐标，tip（小费）作为纵坐标，time（用餐类型）作为点风格，size（点大小）控制散点图中点的大小，day（用餐时间）作为分类绘

制散点图，代码 CORE0801 如下所示。

```
代码 CORE0801

import matplotlib.pyplot as plt  # 打印关系图
import seaborn as sns        # 绘制关系图
import pandas as pd
tips = pd.read_csv('food.csv')
sca=sns.scatterplot(x="total_bill",y="tip",hue="day", style="time",size='size',data=tips)
plt.show()
```

结果如图 8.5 所示。

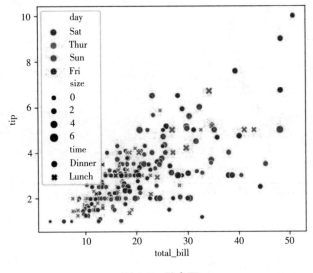

图 8.5　散点图

图 8.5 将数据按照"day"列进行了分组并使用不同的颜色区分，点的大小由数据中 "size"列来确定，根据分析消费总账单在 10 到 20 元的人居多，并且午餐消费多大在 10 到 20 元，而晚餐通常会比午餐消费水平高，为 20 到 30 元。

2. 线图

lineplot() 函数必须传入一个 Pandas 类型的数组，通过 lineplot() 函数绘制线图时使用 hue 参数可以绘制多个类别的图，同时会将 hue 参数指定的标签当作子标题，lineplot() 函数参数与 scatterplot() 函数相同。lineplot() 函数语法格式如下。

```
seaborn.lineplot (x, y,hue, style, size,data, markers)
```

使用降雨量数据文件 rain.csv 中的 time 列作 x 轴坐标，rainfall 列作为 y 轴，area 列作为分类依据绘制线图，代码 CORE0802 如下所示。

```
代码 CORE0802

import matplotlib.pyplot as plt  # 打印关系图
```

```
import seaborn as sns        # 绘制关系图
import pandas as pd
rain = pd.read_csv('rain.csv')
ax = sns.lineplot(x="time",y="rainfall",hue="area",style="area",markers=True, data=rain)
plt.show()
```

结果如图 8.6 所示。

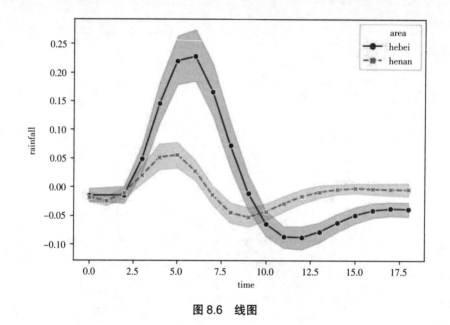

图 8.6　线图

从图 8.6 中可以看出两个地区的降雨量的对比，18 个小时内降雨量在 2 个小时到 7 个小时之间明显增高，随后降雨量开始减小，但还有再次加大的可能。

3. 分面网格关联图

relplot() 函数主要用于实现分面网格关联图,即多个图表组合在一起生成一个新的图表,这些图表既可以是散点图,又可以是线图,只需通过相关参数进行设置即可,relplot() 函数语法如下。

```
seaborn.relplot(x,y,hue,size,style,data,row,col,kind,sizes)
```

relplot() 函数的参数说明见表 8.3。

表 8.3　relplot() 函数的参数说明

参数	描述
kind	默认为 scatter（散点图）kind=line（线图）
sizes	图片大小
col、row	决定关系图面数的分类变量

使用 tops.csv 文件绘制散点图,与第一次绘制散点图类似,本次使用 relplot 绘制散点图时指定生成图的大小、图面数分类数量,代码 CORE0803 如下所示。

代码 CORE0803
```
import matplotlib.pyplot as plt  # 打印关系图
import seaborn as sns            # 绘制关系图
import pandas as pd
tips=pd.read_csv ('food.csv')
g = sns.relplot(x="total_bill", y="tip", hue="time", size="size", sizes=(10, 100),col="-
time",row='sex', data=tips)
plt.show()
```

结果如图 8.7 所示。

技能点三　分类图

分类图中包含了三大类型的图形,分别为分类散点图、分类分布图和分类估计图,这三大类图形能够根据分组条件清楚地展示属于不同组的数据的关系、离散值等。

1. 分类分布图

分类分布图主要用于表示数据的分布情况,目前,有两种常用的分类分布图,即箱线图、小提琴图。

（1）箱线图

箱线图又称为盒须图或盒式图,用于显示变量或跨类别变量值的定量数据分布情况,框是数据的四分位数,线显示分布的其余部分,箱线图能够显示出数据的最大值、最小值、中位数及上下四分位数。

箱线图语法格式如下。

```
seaborn.boxplot(x,y,hue,data,order,orient,saturation,width,dodge,fliersize,linewidth=None,
whis=1.5)
```

箱线图的参数说明见表 8.4 所示。

表 8.4　箱线图的参数说明

参数	说明
saturation	饱和度,可设置为 1
width	控制箱线图的宽度大小
fliersize	用于指示离群值观察的标记大小
whis	可理解为异常值的上限 IQR 比例

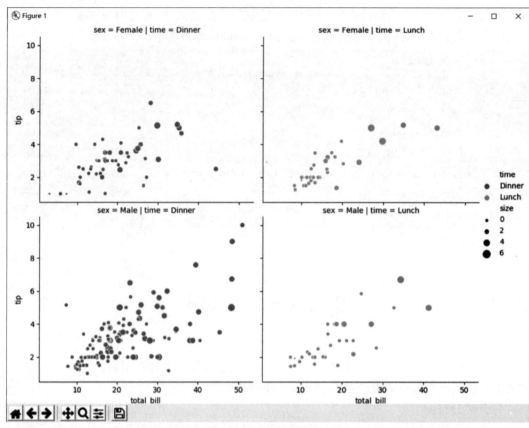

图 8.7   关系图

使用就餐账单数据 food.csv 中的日期 day 作为 x 轴，总账单 total_bill 作为 y 轴绘制箱线图，代码 CORE0804 如下所示。

代码 CORE0804

```
import matplotlib.pyplot as plt  #打印关系图
import seaborn as sns        #绘制关系图
import pandas as pd
food=pd.read_csv('food.csv')
ax = sns.boxplot(x="day", y="total_bill", data=food)
plt.show()
```

结果如图 8.8 所示。

通过箱线图能够清楚地看出每一天的总账单的分布情况，图 8.8 中六个指标算法如下。

1）中位数

中位数是指一组数据中从小到大排列后中间数据的位置，如果原始数据集的长度 n 是奇数，则中位数为 $(n+1)/2$；如果原始序列长度 n 为偶数，则中位数计算公式为 $n/2$ 和 $n/2+1$ 两个数的平均值。

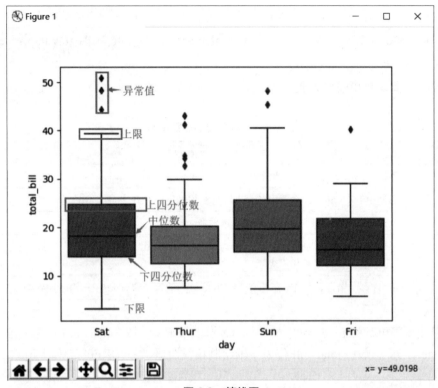

图 8.8　箱线图

2）上四分位数

四分位数是指将序列平均分为四份,常用上四分位数计算方法为(n+1)/4,当前 test 序列中包含(1,2,3,4,5,6,7,8,9,10),根据公式计算上四分位数的位置在 2.75,这个位置在 2 到 3 之间,假设 2 到 3 之间的数字是均匀分布的,第 2.75 个数为第二个数 ×0.25+ 第三个数 ×0.75=2.25。

3）下四分位数

下四分位数与上四分位数计算方法类似,计算公式改为(n+1)/4×3=8.25,可以看出这个数字介于第八个数和第九个数之间。对应的具体值为第八个数 ×0.25+ 第九个数 ×0.75=8.25。

4）上限

上限是指非异常值范围内的最大值,计算上限时需要知道四分位距,四方位距 = 下四分位数 - 上四分位数,上限 = 下四分位数 +1.5× 四分位距。上限 =8.25+1.5×6=17.25。

5）下限

下限是指非异常值范围内的最小值,计算公式为上四分位数 -1.5× 四分位距。下限 =2.25-1.5×6=-6.75。

（2）小提琴图

小提琴图与箱线图展示出的数据类似,是一种可以同时显示多个数据分布的有效和有吸引力的方法,箱线图准确地展示出了分位数的位置,小提琴图能够展示出定量数在一个或多个分类变量的多个层次上的分布。通过小提琴图可以看出数据的分布情况,图中的白点为中位数,黑色方形的范围是下四分位点到上四分位点。小提琴图语法格式如下。

> seaborn.violinplot(x=None,y,hue,data,scale='area'scale_hue,gridsize,width,inne,split,-dodge,linewidth,ax)

小提琴图的参数说明见表 8.5。

表 8.5　小提琴图的参数说明

参数	描述
scale	小提琴图缩放方法。可选值为"area""count""width"
scale_hue	当使用 hue 分类后,设置为 True 时,此参数确定是否在主分组变量进行缩放
gridsize	设置小提琴图的平滑度,数值越高越平滑
inner	小提琴内部数据点的表示,可选值为"box""quartile""point""stick", None,分别表示:箱子、四分位、点、数据线和不表示
split	是否拆分,当设置为 True 时,绘制经 hue 分类的每个级别画出一半的小提琴图

使用就餐账单数据 food.csv 中的日期 day 作为 x 轴,总账单 total_bill 作为 y 轴,并以性别作为 hue 分类,总账单 total_bill 作为 y 轴绘制箱线图,代码 CORE0805 如下所示。

```
代码 CORE0805
import matplotlib.pyplot as plt  # 打印关系图
import seaborn as sns        # 绘制关系图
import pandas as pd
food=pd.read_csv('food.csv')
ax = sns.violinplot(x="day", y="total_bill",data=food)
plt.show()
```

结果如图 8.9 所示。

图 8.9 中白点代表了中位数,黑色方形的范围代表下四分位和上四分位,黑色直线表示须,从图中能够看出就餐总账单大多分布在 5 到 30 元之间,0 到 5 元和 30 到 60 元的比较少,星期六和星期日具有比较明显的离散值(上侧或下侧的须较长)。

2. 分类估计图

分类估计图主要用于分析同类数据之间的关系,并且可以展示出数据在一定范围内浮动的置信区间、趋势等信息,常用的分类估计图有条形图、计数图、点图。

(1)条形图

条形图表示数值变量与每个矩形高度的中心趋势的估计值,用矩形条表示点估计和置信区间,并使用误差线提供关于该估计值附近的不确定性的一些指示。条形图语法格式如下。

> seaborn.barplot(x,y,hue,data,ci,saturation,errcolor, errwidth,capsize)

条形图的参数说明见表 8.6。

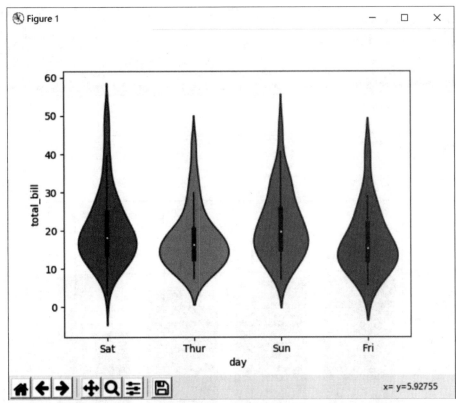

图 8.9　小提琴图

表 8.6　条形图的参数说明

参数	描述
estimator	用于估计每个分类箱内的统计函数，默认为 mean
ci	允许的误差范围（在 0~100），sd 为标准误差（默认为 95）
capsize	设置误差棒帽条（上下两根横线）的宽度
saturation	饱和度
errcolor	表示置信区间的线条的颜色
errwidth	设置误差条线（和帽）的厚度

　　使用官方提供的 tips.csv 文件绘制条形图，分析周四到周日男生和女生就餐消费的标准并绘制执行区间（根据测试数据分析数据有可能的较为真实的浮动范围），代码 CORE0806如下所示。

代码 CORE0806
import matplotlib.pyplot as plt # 打印关系图 import seaborn as sns　　　# 绘制关系图

```
import pandas as pd
tips=pd.read_csv('food.csv')
ax=sns.barplot(x="day",y="total_bill",hue="sex",data=tips)
plt.show()
```

结果如图 8.10 所示。

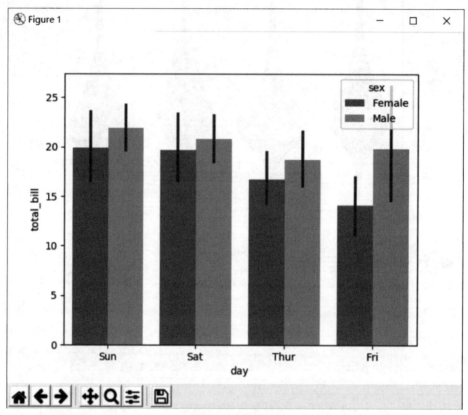

图 8.10　条形图

通过 tips 数据中的账单分析得到了图 8.10 的结果，从图中可以看出男性比女性普遍用餐的花费要高。条形图上的黑线表示置信区间，代表费用在黑线区间内浮动，在黑线内的数据浮动都是可信的。

（2）计数图

计数图是个特殊的条形图，与条形图的区别在于计数图能够根据分组统计的结果将实际的数量展示出来，其基本的参数与条形图相同，但计数图可以通过 orient 参数改变条的方向且 x 和 y 参数不能同时使用。计数图语法格式如下。

```
seaborn.countplot(x,y,hue,data,ci,color,saturation,errcolor, errwidth,cap,size,countplot)
```

使用泰坦尼克号的数据 titanic.csv 中的 pclass 字段（代表社会地位）作为 x 轴，sex 字段（代表性别）作为 hue 分类，统计每个阶层的人数，代码 CORE0807 如下所示。

代码 CORE0807

```
import matplotlib.pyplot as plt  # 打印关系图
import seaborn as sns        # 绘制关系图
import pandas as pd
titanic=pd.read_csv("titanic.csv")
ax=sns.countplot(x="pclass", hue="sex", data=titanic)
plt.show()
```

结果如图 8.11 所示。

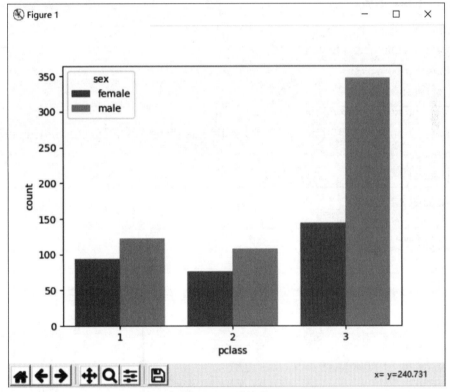

图 8-11　计数图

从图 8.11 中可以看出泰坦尼克号上平民居多，其次是处在社会中等地位的人，地位最高的人最少，还可看出男人的总数最多。

（3）点图

点图代表了散点图中心位置变量的估计趋势，并使用了误差线对估计值的不确定性做出了提示。点图比条形图更能够体现多个变量之间的关系。点图的斜线倾斜的程度比条形图和计数图更能够体现数据的差异。点图语法格式如下。

seaborn.pointplot(x, y,hue,dodge, style, size,data, estimator,markers)

点图的参数说明见表 8.7。

表 8.7   点图的参数说明

参数	说明
join	两个点之间是否有连线，默认为 join=True 有连线
scale	连接线的粗细
dodge	重叠区域是否分开默认

使用 food.csv 数据文件，将文件中 time 列作为 x 轴，total_bill 列作为 y 轴，somker 作为分类条件绘制点图，代码 CORE0808 如下所示。

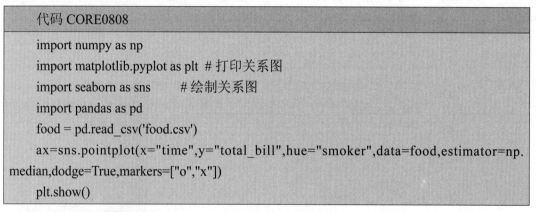

```
代码 CORE0808
import numpy as np
import matplotlib.pyplot as plt  # 打印关系图
import seaborn as sns        # 绘制关系图
import pandas as pd
food = pd.read_csv('food.csv')
ax=sns.pointplot(x="time",y="total_bill",hue="smoker",data=food,estimator=np.
median,dodge=True,markers=["o","x"])
plt.show()
```

结果如图 8.12 所示。

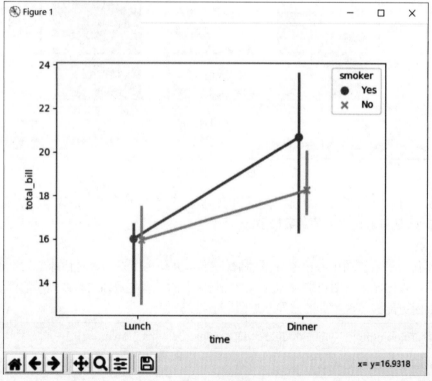

图 8.12   点图

从图 8.12 中可以看出晚饭的消费比午饭要高,并且午饭的消费还有下降的可能,但浮动不会很大,晚饭消费虽然普遍较高但浮动量会很大不稳定。

3. 分类散点图

分类散点图能够直观地展示出数据的分布情况以及数据的密度,数据量在一定区间内越多,图中的数据点越密集。常用的分类散点图有分布散点图、分布密度散点图、分类散点图与箱线图和小提琴图。

(1)分布散点图

分布散点图是指按照样本数据中的不同类别对数据进行分布的散点图绘制,散点图只体现了数据的分布情况,为了能够更好地表达数据的信息,分布散点图常与 boxplot 和 violinplot 联合起来绘制,作为这两种图的补充。分布散点图语法格式如下。

```
seaborn.stripplot(x,y,hue,data,order,dodge, jitter,orient,palette)
```

分布散点图的参数说明见表 8.8。

表 8.8　分布散点图的参数说明

参数	描述
order	进行筛选分类类别如 order=['sun','sat']
jitter	抖动项,可以是 float,或者 True
dodge	重叠区域是否分开,使用 hue 分类,设置为 True 时,会将不同级别的条带分开
orient	可选择值为 "ve":vertical(垂直)和 "h": horizontal(水平)

使用 food.csv 数据文件中的 day(用餐时间)作为横坐标, total_bill(总账单)作为纵坐标,smoker(是否吸烟)作为分类绘制分布散点图,并将重叠区域分开,代码 CORE0809 如下所示。

```
代码 CORE0809

import matplotlib.pyplot as plt  #打印关系图
import seaborn as sns        #绘制关系图
import pandas as pd
food=pd.read_csv('food.csv')
ax = sns.stripplot(x="day",y="total_bill",hue="smoker",data=food,dodge=True)
plt.show()
```

结果如图 8.13 所示。

从分布散点图可以看出根据是否吸烟分为两组之后的就餐账单金额每天的分布情况,从点的分布情况可以看出数据都存在一定的离散值。

(2)分布密度散点图

分布密度散点图与分布散点图类似,只是对点的分布方式进行了调整,从而做到点与点之间不会重叠。能够更好地表示值的分布,由于点之间不重叠导致它不能很好地扩展到大量的观测。分布密度散点图语法格式如下。

> seaborn.stripplot(x,y,hue,data,order,dodge, jitter,orient,palette)

使用与绘制分布散点图时的方法和数据绘制分布密度散点图,分布密度散点图函数会将点散开不重叠,代码 CORE0810 如下所示。

代码 CORE0810

```python
import matplotlib.pyplot as plt  # 打印关系图
import seaborn as sns         # 绘制关系图
import pandas as pd
food=pd.read_csv('food.csv')
ax=sns.swarmplot(x="day",y="total_bill",hue="smoker",data=food,dodge=True)
plt.show()
```

结果如图 8.14 所示。

（3）分类散点图与箱线图和小提琴图

小提琴图 + 分布散点图绘制方法是同时使用 violinplot() 函数和 stripplot() 函数并且设置两个函数的 x 轴与 y 轴数据一致,代码 CORE0811 如下所示。

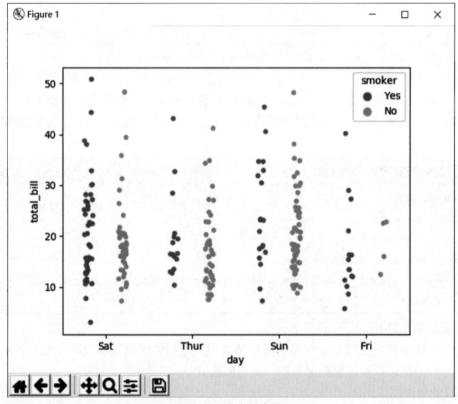

图 8.13　分布散点图

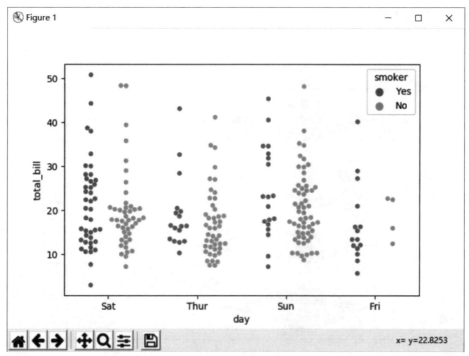

图 8.14 分布密度散点图

代码 CORE0811
import matplotlib.pyplot as plt # 打印关系图 import seaborn as sns   # 绘制关系图 import pandas as pd food=pd.read_csv('food.csv') ax=sns.violinplot(x="tip",y="day",data=food,inner=None) ax=sns.stripplot(x="tip",y="day",data=food,jitter=True,color="c") plt.show()

结果如图 8.15 所示。

箱线图＋分布散点图绘制方法与小提琴图＋分布散点图绘制方法一致，只要同时使用 boxplot() 函数和 swarmplot() 函数即可，代码 CORE0812 如下所示。

代码 CORE0812
import numpy as np import matplotlib.pyplot as plt # 打印关系图 import seaborn as sns   # 绘制关系图 import pandas as pd ax=sns.boxplot(x="tip",y="day",data=tips,whis=np.inf) ax=sns.stripplot(x="tip",y="day",data=tips,jitter=True,color="c") plt.show()

结果如图 8.16 所示。

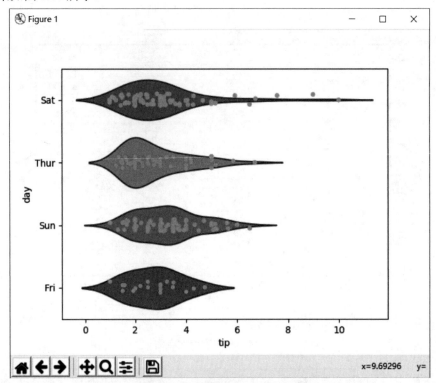

图 8.15　小提琴图 + 分布散点图

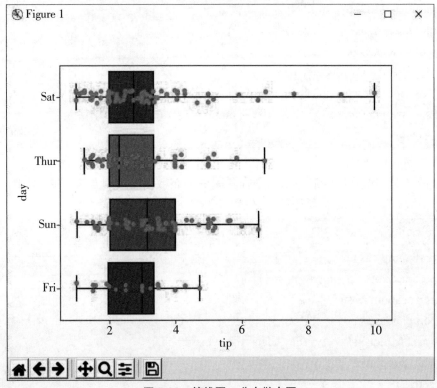

图 8.16　箱线图 + 分布散点图

技能点四 分布图

1. 直方图

直方图（质量分布图），直方图可以直观地展示出数据的规则性，使数据的分布一目了然，便于判断总体数据质量分布情况。直方图是一种表示数据变化的工具，经常应用在判断生产过程是否稳定、预测生产过程的质量等方面。

直方图适用于查看单变量分布情况，会将数据划分为多个数据桶，然后对每个桶中的样本数据进行计算并以长条形绘制出来。直方图语法格式如下。

> seaborn.distplot(x, bins, hist, kde, rug, fit, hist_kws, kde_kws, rug_kws, fit_kws, color, vertical, norm_hist, axlabel, label, ax)

直方图的参数说明见表 8.9。

表 8.9 直方图的参数说明

参数	描述
bins	设置矩形图数量
hist	是否显示方块。默认为 True
kde	是否显示核密度估计曲线。默认为 True
rug	是否生成观测数值线
fit	控制拟合的参数分布图形，能够直观地评估它与观察数据的对应关系
norm_hist	若为 True，则直方图高度显示为密度而非计数（含有 kde 图像中默认为 True）
vertical	数据放置的方向如果为 True，观测值位于 y 轴上（默认为 False，观测值位于 x 轴上）
axlabel	设置标签

使用 random 函数随机生成 100 个数字，随机种子设置为 500，并使用 distplot 函数绘制直方图，同时设置方块数量为 50，密度曲线等全部显示，代码 CORE0813 如下所示。

```
代码 CORE0813
import numpy as np
import seaborn as sns
import matplotlib.pyplot as plt
设置随机数种子
np.random.seed(4)
创建一组平均数为 0，标准差为 1，总个数为 1000 的符合标准正态分布的数据
x = np.random.normal(0,1,1000)
```

```
print(x)
ax = sns.distplot(x,hist=True,kde=False,rug=True)
plt.show()
```

结果如图 8.17 所示。

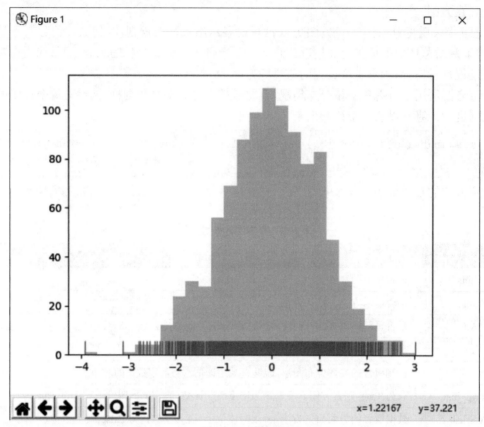

图 8.17　直方图

2. 联合概率分布图

联合概率分布图又名联合分布图,由两个及两个以上的随机变量组成随机向量的概率分布。根据随机变量的类型,随机概率也会有不同的表现形式。联合概率分布图能够展示出不同变量之间是否存在关系和是否存在相互关系。联合概率分布图语法格式如下。

```
seaborn.jointplot(x,y,data=None,stat_func=None ,height=6,ratio=5,space=0.2)
```

联合概率分布图的参数说明见表 8.10。

表 8.10　联合概率分布图的参数说明

参数	描述
stat_func	计算统计量关系的函数
height	图的尺度大小

参数	描述
ratio	中心图与侧边图的比例,比例越大,中心图占比越大
space	中心图与侧边图的间隔

使用 food.csv 数据文件,将文件中 total_bill 列作为 x 轴,tip 列作为 y 轴,设置图片的大小为 6,中心图与侧边图的比例为 4,中心图与侧边图的间距为 2,代码 CORE0814 如下所示。

代码 CORE0814
import pandas as pd import seaborn as sns import matplotlib.pyplot as plt food=pd.read_csv('food.csv') g = sns.jointplot(x="total_bill", y="tip", data=food,height=6,ratio=4,space=0.2) plt.show()

结果如图 8.18 所示。

从图 8.18 中可以看出总账单金额在 10~20 元的人居多,并且大多数为服务员支付的小费金额都在 2~4 元,同时还可以看出消费金额越高支付的小费越高。

3. 变量关系图

变量关系图在默认情况下会创建一个轴网格,数据中的每个变量在 x 轴和 y 轴的相同位置是共享的。绘制关系图显示该列中变量的单变量分布情况,还能在行和列上显示变量子集或绘制不同的变量。变量关系图语法格式如下。

> seaborn.pairplot(data,hue,palette,var,x_vars,diag_kind,markers,height)

变量关系图的参数说明见表 8.11。

表 8.11　变量关系图的参数说明

参数	属性
var	指定数据中的子集,否则使用 data 中的每一列
x_vars	具体细分比较对象
diag_kind	对角线子图的图样。默认情况取决于是否使用 hue 分类

使用经典的鸢尾花数据集 iris.csv 绘制变量关系图,该数据集中包含 4 个特征变量 1 个类别变量 150 个样本数据,存储了萼片和花瓣的长宽信息,见表 8.12。

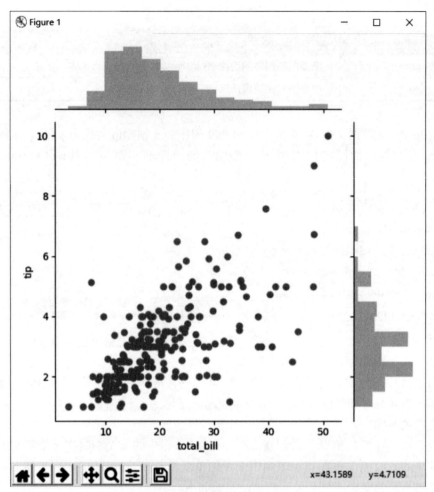

图 8.18 联合概率分布图

表 8.12 鸢尾花数据集说明

列名	属性
SepalLength	花萼长度
SepalWidth	花萼宽度
PetalLength	花瓣长度
PetaWidth	花瓣宽度
Class	类别,其中 setosa 表示山鸢尾,versicolor 表示变色鸢尾,virginica 表示维吉尼亚鸢尾

使用 Class 列作为 hue 分类,这样能够对分类问题进行观察,代码 CORE0815 如下所示。

代码 CORE0815

```
import pandas as pd
import seaborn as sns
import matplotlib.pyplot as plt
iris=pd.read_csv('iris.csv')
g = sns.pairplot(iris, hue="Class", markers=["o", "s","D"])
plt.show()
```

结果如图 8.19 所示。

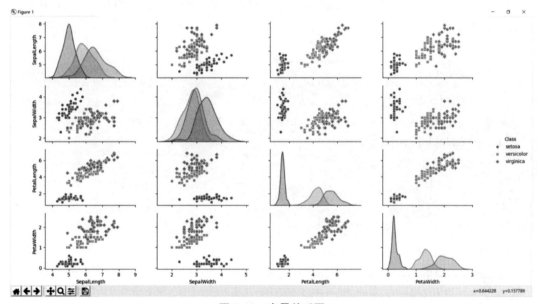

图 8.19　变量关系图

从图 8.19 中可以清楚地看出每个类别、每个数据组合的数量。

技能点五　回归图

回归分析是指通过一定的数据计算描述出变量之间的关系，从而确定一个或多个变量对另一个特定变量的影响，是进行预测的一种方法，侧重于考察变量之间的变化关系。在多数数据集中都包含若干个变量，而数据分析的目的经常是衡量变量之间的关系，lmplot() 和 regplot() 会在绘制二维散点图时自动完成回归拟合。回归图语法格式如下。

seaborn.lmplot(x,y,data,hue,col,row,palette,col_wrap,height,aspect,markers,order, robust,logx, x_partial, y_partial, truncate,x_jitter,y_jitter,scatter_kws,line_kws,size)

回归图的参数说明见表 8.13。

表 8.13　回归图的参数说明

参数	描述
col, row	根据所指定属性在列、行上分类
aspect	控制图的长宽比
col_wrap	指定每行的列数, 最多等于 col 参数所对应的不同类别的数量
logistic	逻辑回归
truncate	默认情况下, 绘制散点图后绘制回归线以填充 x 轴限制。如果为 True, 则它将被数据限制

使用 food.csv 数据文件中的 total_bill (总账单) 作为 x 轴, tip (小费) 作为 y 轴, 并制定以 day 属性在列上分类, 使用 day 字段进行分类, 制定每行两列, 图高度为 4, 代码 CORE0816 如下所示。

```
代码 CORE0816
import pandas as pd
import seaborn as sns
import matplotlib.pyplot as plt
food=pd.read_csv('food.csv')
g=sns.lmplot(x="total_bill",y="tip",col="day",hue="day",data=food,
col_wrap=2,height=4)
plt.show()
```

结果如图 8.20 所示。

regplot() 函数的语法格式与 lmplot() 函数的语法格式一致, 且都可以绘制回归曲线还有一些核心功能是共有的, 语法格式如下。

```
seaborn.lmplot(x,y,data,hue,col,row,palette,col_wrap,height,aspect,markers,order,
robust,logx, x_partial, y_partial, truncate,x_jitter,y_jitter,scatter_kws,line_kws,size)
```

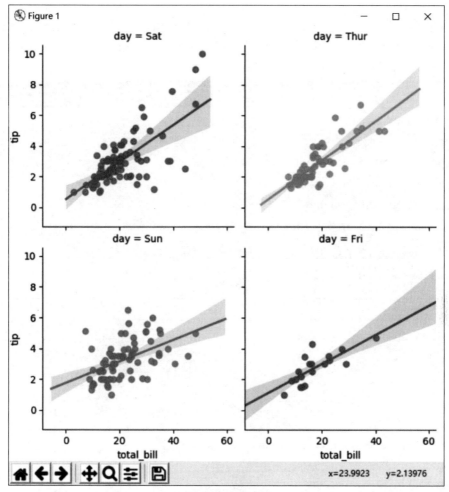

图 8.20　回归图

技能点六　样式管理

让图形充满魅力是非常重要的,当我们探索一个数据集并且要进行可视化时,把图画得令人愉悦终究是不错的。可视化,是与观众交流大量信息时的核心方法,在这种情况下,让图形变得能瞬间抓住观众的注意力非常有必要。

1. 设计风格

在 seaborn 中有五种设计风格,分别为 darkgrid(灰色网格)、whitegrid(白色网格)、dark(灰色)、white(白色)和 ticks,默认的设计风格为 darkgrid(灰色网格),统计图中使用网格能够更好地展示定量信息的值,同时浅色网格还能够避免与原图像出现冲突。设计风格语法格式如下。

sns.set_style(" 样式 ")

使用 rain.csv 数据文件绘制线图,并使用该图完成设计风格的设置。将线图的设计风格设为白色网格,代码 CORE0817 如下所示。

代码 CORE0817

```
import pandas as pd
import seaborn as sns
import matplotlib.pyplot as plt
rain = pd.read_csv('rain.csv')
sns.set_style("whitegrid")
ax=sns.lineplot(x="time",y="rainfall",hue="area", style="area",markers=True, data=rain)
plt.show()
```

结果如图 8.21 所示。

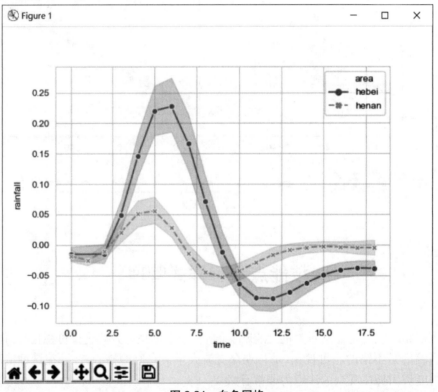

图 8.21　白色网格

2. 移除图形边线

当将设计风格设置为 white 和 ticks 时,图的四周会被黑色实线包围,这时可以通过使用 despine() 函数将上方和右侧的边线去掉,以线图为例设置 white 样式并去掉边线,代码 CORE0818 如下所示。

代码 CORE0818

```
import pandas as pd
import seaborn as sns
import matplotlib.pyplot as plt
rain = pd.read_csv('rain.csv')
sns.set_style("white")
ax=sns.lineplot(x="time",y="rainfall",hue="area", style="area",markers=True, data=rain)
sns.despine()
plt.show()
```

结果如图 8.22 所示。

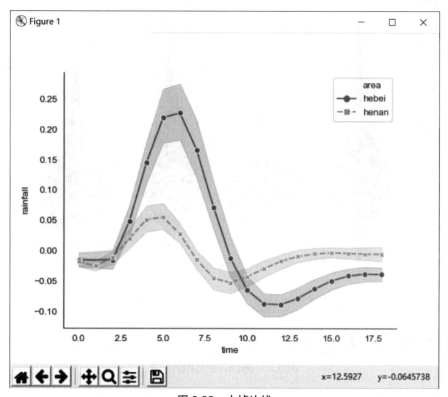

图 8.22　去掉边线

在绘制小提琴图时，"小提琴"距坐标轴（边界）很近不利于观察，这时可使用 despine()
函数中的 offset 方法设置图与边界之间的距离，并使用 trim 参数限制边界的范围，代码
CORE0819 如下所示。

代码 CORE0819

```
import pandas as pd
import seaborn as sns
import matplotlib.pyplot as plt
```

代码 CORE0819

```
food=pd.read_csv('food.csv')
ax = sns.violinplot(x="day", y="total_bill",data=food)
sns.despine(offset=10, trim=True)
plt.show()
```

结果如图 8.23 所示。

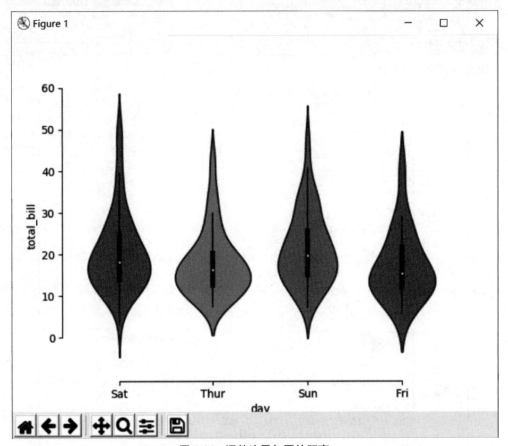

图 8.23　调整边界与图的距离

3. 临时修改样式

当需要一次性绘制多张图，只想修改其中一张图的样式而其他图样式保持默认时，可以使用 with 语句配合 axes_style() 函数完成。同时绘制两张线图，将其中一张设计风格设置为 darkgrid，另一张保持默认，代码 CORE0820 如下所示。

代码 CORE0820

```
import pandas as pd
import seaborn as sns
import matplotlib.pyplot as plt
```

```
rain = pd.read_csv('rain.csv')
with sns.axes_style("darkgrid"):
    ax =sns.lineplot(x="time",y="rainfall",hue="area",style="area",markers=True, data=rain)
    plt.show()
ax=sns.lineplot(x="time",y="rainfall",hue="area", style="area",markers=True, data=rain)
plt.show()
```

结果如图 8.24 所示。

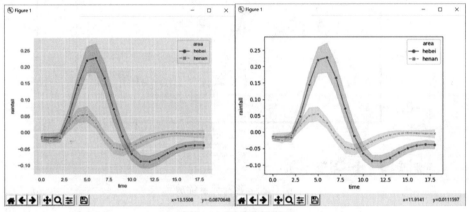

图 8.24　临时修改样式

4. 图形元素缩放

图形的样式根据应用场景的不同会有不同的需求（在不同的场景下会对图片的大小有一定要求），sns.set_context() 函数中有四种背景模式，分别为 paper、notebook、talk 和 poster，主要用于控制图形元素的缩放（默认使用 notebook），可以使用同样的代码来使得图片适应不同的应用。绘制线图并将背景模式改为 talk，代码 CORE0821 如下所示。

代码 CORE0821

```
import pandas as pd
import seaborn as sns
import matplotlib.pyplot as plt
rain = pd.read_csv('rain.csv')
sns.set_context("talk")
ax=sns.lineplot(x="time",y="rainfall",hue="area", style="area",markers=True, data=rain)
plt.show()
```

结果如图 8.25 所示。

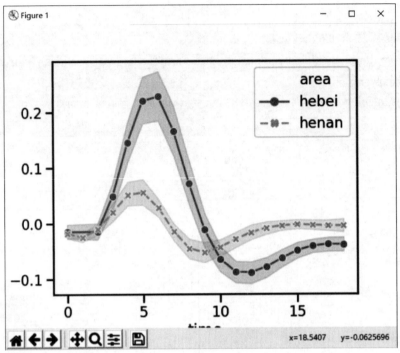

图 8.25　图形元素缩放

通过以上的学习,可以了解到 seaborn 的相关概念和基本使用方法,为了巩固所学知识,通过以下几个步骤,使用 seaborn 实现波士顿房价数据的预测分析,数据说明见表 8.14。

表 8.14　数据说明

列	说明
CRIM	城镇人均犯罪率
ZN	住宅用地超过 25000 平方英尺的比例
INDUS	城镇非零售商用土地的比例
CHAS	住宅边界如果是河流则为 1,否则为 0
NOX	一氧化氮浓度
RM	住宅平均房间数
AGE	1940 年之前建成的自用房屋比例
DIS	到波士顿五个中心区域的加权距离
RAD	辐射性公路的接近指数
TAX	每 10000 美元的全值财产税率

续表

列	说明
PTRATIO	城镇师生比例
B	$1\,000(Bk-0.63)^2$，其中，Bk 指代城镇中黑人的比例
LSTAT	人口中地位低下者的比例
MEDV	自住房的平均房价，以千美元计

第一步：获取数据。

使用 seaborn 分析数据前，需要将数据从数据库或数据文件中读取到程序中，使用 pd.read_csv 方法加载 boston_house_prices.csv 数据文件并输出，代码 CORE0822 如下所示。

代码 CORE0822

import matplotlib.pyplot as plt　# 打印关系图
import seaborn as sns　　　# 绘制关系图
import pandas as pd
import math
# 加载数据 	
boston_house_prices = pd.read_csv('boston_house_prices.csv')
print(boston_house_prices)

效果如图 8.26 所示。

图 8.26　加载数据

第二步：一氧化氮浓度与房价关系。

绘制散点图体现出一氧化氮浓度对房价的影响，将一氧化氮溶度作为 x 轴，房价作为 y 轴，代码 CORE0823 如下所示。

代码 CORE0823
import matplotlib.pyplot as plt　# 打印关系图 import seaborn as sns　　　# 绘制关系图 import pandas as pd import math

```
#加载数据
boston_house_prices = pd.read_csv('boston_house_prices.csv')
print(boston_house_prices)
#一氧化氮浓度对房价的影响
sns.jointplot(x="NOX" , y ="MEDV" ,data = boston_house_prices)
plt.show()
```

效果如图 8.27 所示。

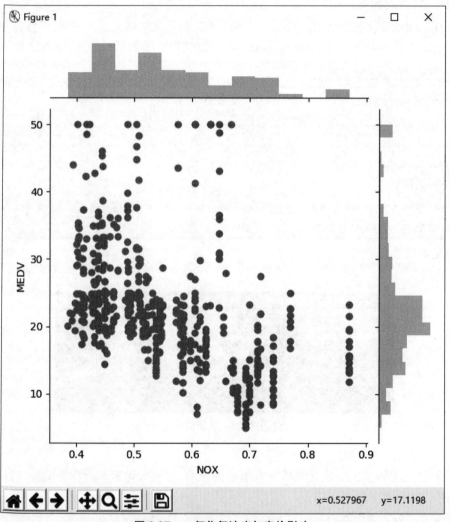

图 8.27　一氧化氮浓度与房价影响

第三步：分析全值财产税率分布。

通过直方图体现出全值财产税率分布情况，将数据中心的 TAX 列作为值传入函数，并设置显示方块、不显示核密度估计曲线和生成观测数值线，代码 CORE0824 如下所示。

代码 CORE0824

```
import matplotlib.pyplot as plt  # 打印关系图
import seaborn as sns          # 绘制关系图
import pandas as pd
import math
# 加载数据
boston_house_prices = pd.read_csv('boston_house_prices.csv')
print(boston_house_prices)
# 一氧化氮浓度对房价的影响
sns.jointplot(x="NOX", y = "MEDV" ,data = boston_house_prices)
plt.show()
# 分析全值财产税率分布
sns.distplot(boston_house_prices["TAX"],hist=True,kde=False,rug=True)
plt.show()
```

效果如图 8.28 所示。

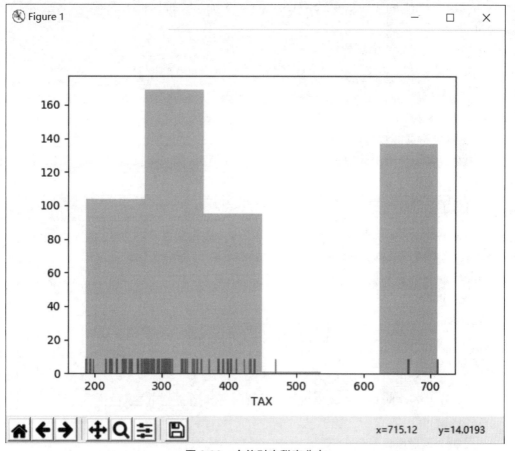

图 8.28　全值财产税率分布

第四步：根据是否靠近河边分析平均房价。

通过使用箱线图分析出靠近河边与不靠近河边的平均房价分布情况，设置 x 轴为 CHAS，y 轴为 MEDV，代码 CORE0825 如下所示。

代码 CORE0825

```
import matplotlib.pyplot as plt  # 打印关系图
import seaborn as sns            # 绘制关系图
import pandas as pd
import math
# 加载数据
boston_house_prices = pd.read_csv('boston_house_prices.csv')
print(boston_house_prices)
# 一氧化氮浓度对房价的影响
sns.jointplot(x="NOX" , y = "MEDV",data = boston_house_prices)
plt.show()
# 分析全值财产税率分布
sns.distplot(boston_house_prices["TAX"],hist=True,kde=False,rug=True)
plt.show()
# 是否靠近河边的平均房价分布情况
sns.boxplot(x="CHAS", y="MEDV", data=boston_house_prices)
plt.show()
```

效果如图 8.29 所示。

第五步：分析房间数与平均价格的分布情况。

使用小提琴图分析房间数量与平均房价的分布情况，房间数量包含小数，需要将其转换为整数并作为 x 轴，y 轴为 MEDV，代码 CORE0826 如下所示。

代码 CORE0826

```
import matplotlib.pyplot as plt  # 打印关系图
import seaborn as sns            # 绘制关系图
import pandas as pd
import math
# 加载数据
boston_house_prices = pd.read_csv( 'boston_house_prices.csv' )
print(boston_house_prices)
# 一氧化氮浓度对房价的影响
sns.jointplot(x="NOX" , y = "MEDV" ,data = boston_house_prices)
plt.show()
# 分析全值财产税率分布
sns.distplot(boston_house_prices["TAX"],hist=True,kde=False,rug=True)
```

```
plt.show()
# 是否靠近河边的平均房价分布情况
sns.boxplot(x="CHAS", y="MEDV", data=boston_house_prices)
plt.show()
# 分析房间数与平均价格的分布情况
boston_house_prices["RM_int"] = boston_house_prices["RM"].map(math.floor)
sns.violinplot(x="RM_int", y ="MEDV",data = boston_house_prices)
plt.show()
```

效果如图 8.30 所示。

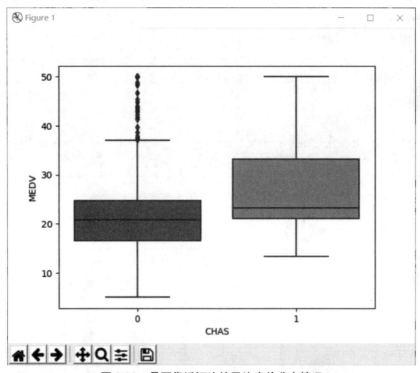

图 8.29　是否靠近河边的平均房价分布情况

第六步：分析各列之间的数据关系。

绘制的关系图组显示 CRIM,NOX,RM,LSTAT,MEDV 变量分布情况,代码 CORE0827 如下所示。

代码 CORE0827
import matplotlib.pyplot as plt # 打印关系图
import seaborn as sns　　　# 绘制关系图
import pandas as pd
import math
# 加载数据

```
boston_house_prices = pd.read_csv('boston_house_prices.csv')
print(boston_house_prices)
# 一氧化氮浓度对房价的影响
sns.jointplot(x="NOX" , y ="MEDV" ,data = boston_house_prices)
plt.show()
# 分析全值财产税率分布
sns.distplot(boston_house_prices["TAX"],hist=True,kde=False,rug=True)
plt.show()
# 是否靠近河边的平均房价分布情况
sns.boxplot(x="CHAS", y="MEDV", data=boston_house_prices)
plt.show()
# 分析房间数与平均价格的分布情况
boston_house_prices["RM_int"] = boston_house_prices["RM"].map(math.floor)
sns.violinplot(x="RM_int", y ="" MEDV",data = boston_house_prices)
plt.show()
# 分析各列之间的数据关系
sns.pairplot(boston_house_prices[["CRIM","NOX","RM","LSTAT","MEDV"]])
plt.show()
```

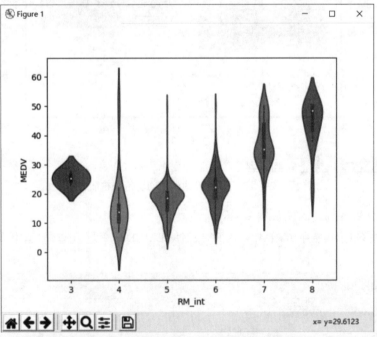

图 8.30 分析房间数与平均价格的分布情况

效果如图 8.31 所示。

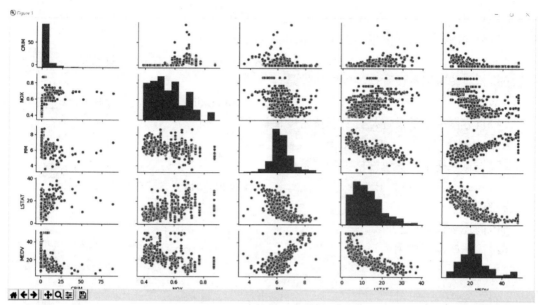

图 8.31　分析各列之间的数据关系

本项目通过 seaborn 实现波士顿房价的预测分析,对 seaborn 相关概念和数据分析方式有所了解,对 seaborn 可视化图形方法的使用有所了解并掌握,并能够通过所学的 seaborn 可视化知识实现波士顿房价的预测分析。

markers	标记	countplot	计数图
rainfall	降雨量	ratio	比率
saturation	饱和	size	大小
violinplot	小提琴谱	style	风格
inner	内部的	notebook	笔记本

1. 选择题

(1)散点图中用于指定不同风格的属性是(　　　)。

A.markers   B.style   C.data   D.size

（2）分面网格关联图中用于决定关系图面数的分类变量（　　　）。

A.iter   B.markers   C.col、row   D.kind

（3）箱线图中用于设置饱和度的属性是（　　　）。

A.whis   B.width   C.saturation   D.fliersize

（4）直方图中用于设置是否显示核密度估计曲线的是（　　　）。

A.axlabel   B.vertical   C.kde   D.fit

（5）设置风格中为灰色网格类型的是（　　　）。

A.white   B.dark   C.whitegrid   D.darkgrid

2. 简答题

（1）简述 seaborn 是什么。

（2）简述散点图作用。